U0651506

洪泽湖水生植物图鉴

侯元同　张胜宇　主编

中国农业出版社
北　京

《洪泽湖水生植物图鉴》编委会

主　　任 张胜宇

副 主 任 侯元同　刘廷武　赵维勇　孙大伟
陈爱林　邓毅军

委　　员 杨其海　穆　欢　陈　林　唐凤勇　江付全　徐申申
周华林　章其明　李亚成　汤荔荔　谭　磊　蒋　健
刘孝珍　陈　冲　毕兴伟　刘家成

主　　编 侯元同　张胜宇

参　　编 刘柏玲　韦　浩　冯凤娟　侯春丽　侯元免　郭成勇
郦梦瑶　冷振宁　宋晓琳　王祥荣　李　涵　朱传坤
禹洪双　李小平

摄　　影 侯元同　侯元免

序

PREFACE

一草一木皆风景　一枝一叶总关情

洪泽湖是我国第四大淡水湖，位于苏北平原中部西侧，地处长江经济带和淮河生态经济带交汇点，是国家南水北调东线工程重要调蓄湖泊。她水面广袤而环境优良，资源阜盛而类型多样，具有防洪供水、生态文旅、航运枢纽和渔业生产等多种功能，是江苏社会经济发展的重要生态屏障。近年来，江苏省洪泽湖渔业管理委员会办公室（以下简称“洪泽湖渔管办”）坚持以习近平生态文明思想为指导，牢固树立“绿水青山就是金山银山”“山水林田湖草是一个生命共同体”等理念，将洪泽湖的渔业管理置于生态系统中去考量，统筹推进渔业发展和生态保护工作，探索了一条生态良好、生活富裕、生产发展的新路子。水生植物是洪泽湖生态系统的重要组成部分。弄清楚洪泽湖水生植物的物种组成、自然分布、居群规模、群落结构和生态功能，有利于推动沿湖经济、社会和生态高质量发展。为此，洪泽湖渔管办组织编纂了《洪泽湖水生植物图鉴》。此书以一帧帧精美的图片、严谨而不失生动的笔触，较为全面地展现了每一种植物的特性和功能，充分彰显了洪泽湖作为苏北平原“璀璨明珠”的美。

庄子说：“天地有大美而不言。”通读整本书你会发现，每一种植物都可以为洪泽湖的美“代言”。当你徜徉在生机盎然的荷花塘边，它可以让洪泽湖美得很“浓烈”——“接天莲叶无穷碧，映日荷花别样红”；当你徘徊在水天一色的万顷草滩湿地里，它可以让洪泽湖美得很“婉约”——“雨润红姿娇且嫩，烟蒸翠色显还藏”；当你面对茫无边际的芦苇荡时，它可以让洪泽湖美得很“伤感”——“蒹葭苍苍，白露为霜。所谓伊人，在水一方”……是的，每种植物的“美”都有它的独到之处，这也造就了洪泽湖的多姿多彩！欣赏洪泽湖“美”的人一定会有“我见大湖多妩媚，料大湖见我应如是”的奇妙感觉。

一直以来，美不仅仅是外表，还体现于为世间万物繁荣发展的奉献之中。水生植物是洪泽湖生态系统的初级生产者。它们虽然处于食物链“金字塔”的底端，但通过生态系统独有的物质循环和能量流动机制，造就了种类繁多且规模庞大的鱼、虾、蟹、贝等渔业资源，从而哺育了自古以来千百万靠水吃水的湖区人民，进而成就了洪泽湖“日出斗金”“母亲湖”的美誉。著名历史学家翦伯赞先生曾高度评价淮河流域洪泽湖地区的历史文化底蕴，称“这里浓缩了中华民族半部文化史”。而这半部文化史，其实就蕴藏在这些看似默默无闻、柔弱寻常，却又“宁愿零落尘世，也要不负韶华”的一草一木、一枝一叶之中。

大自然从来都不缺乏美，但往往缺乏发现美的眼睛。难能可贵的是，尽管编纂《洪泽湖水生植物图鉴》是一项艰苦而又繁琐的工作，但科研团队以认真细致的态度、时不我待的精神，从2019年7月起，历时5载，实地观察水生植物四季的生长情况，无论酷暑严寒，无论困难重重，最终完成了这部集科学性、严谨性、通识性于一体的著作。《洪泽湖水生植物图鉴》收集了水生维管植物60科152属254种，记录了每种植物的俗名、分类学地位、关键识别特征、生境与分布、价值与应用等信息，并附有高清而精美的图片，是一本不可多得的优秀科普书籍。

美是可以传递的，独乐乐不如众乐乐。如果你是一名科研工作者，你可以把这本书作为一本工具书。希望你以这本书为新的起点，继续研究与挖掘洪泽湖“美”的外延与内涵，并将洪泽湖更多的美展现给世人。如果你和我一样，只是芸芸众生中的一份子，我们可以把这本书作为一本科普读物，并将之传递给自己的孩子、亲戚、朋友以及一切需要它的人。我相信，他们看了之后，一定能在心中种下“美”的种子，并不断滋养这粒种子生根、发芽、开花、结果……

最后，谨向所有为《洪泽湖水生植物图鉴》编辑出版工作竭诚尽智、不辞辛劳的各界人士及相关单位表示衷心的感谢！

江苏省农业农村厅厅长
江苏省委农村工作领导小组办公室主任 

2024年5月20日

前言

FOREWORD

我国改革开放40余年来，经济社会快速发展，人民生活迅速改善，但主要的发展方式是以环境资源的开发来促进经济社会的发展，因此，环境污染、生态破坏和资源紧缺成为制约我国经济社会可持续发展的突出瓶颈，为此习近平总书记提出“绿水青山就是金山银山”的生态文明理念。尤其党的十八大以来，更是将生态文明建设纳入国家“五位一体”总体布局。

洪泽湖作为我国第四大淡水湖，是江苏省渔业发展的重要组成部分。为贯彻习近平生态文明思想，促进洪泽湖生态保护和水生生态资源科学规划和可持续利用，依据《中华人民共和国水法》《中华人民共和国湿地保护法》《中华人民共和国野生植物保护条例》等法律法规，江苏省先后出台了《江苏省湖泊保护条例》《江苏省洪泽湖保护条例》等地方法规，洪泽湖渔业管理委员会办公室为宣传生态文明理念，科学规划水生生态资源永续利用，进一步促进洪泽湖生态保护和高质量发展，摸清洪泽湖区域生物多样性本底状况逐渐成为工作的重中之重。

鉴于以往对洪泽湖区域的科学研究，大多数是从水生生态、鱼虾养殖角度进行的，从植物学角度研究，也多是植物群落、植被生态等方面，真正从植物资源分类角度进行的研究工作则少见报道（朱松泉等，1993；王国祥等，2014；刘洪等，2016；孙书存等，2016）。在这种背景下，曲阜师范大学侯元同教授团队受洪泽湖渔业管理委员会办公室的委托，负责并承担了“江苏洪泽湖水生植物标本采集制作及《洪泽湖水生植物图鉴》编纂”项目的工作。

2019年7月以来，侯元同教授团队在洪泽湖渔业管理委员会办公室及渔政大队的支持和协助下，历时5载，克服重重困难，对洪泽湖水生植物进行了春、夏、秋、冬四季实地观察和物种调查，包括详细物种记录、植物标本采集和相关植物照片拍摄等工作，为本图鉴的编写和出版奠定了坚实基础。

本图鉴的编写，遵循以下原则：①水生植物是指生长于洪泽湖水域、岸边消落带及缓冲带中部以下区域的植物种类，包括沉水植物、根生浮叶植物、漂浮植物、挺水植物及湿生植物等生态类型。②物种特征描述，力求言简意赅，既抓住物种的关键识别特征，又体现其水生适应特色。③对每一形态特征，尽量提供相应照片，做到图文并茂。④图片选择，采用一种多图的方式，包括野外生境、植株和各部分关键识别部位、部分凭证标本等照片，以期全面展示该物种的形态特征。

本图鉴收载水生维管植物60科152属254种。植物科的排列，蕨类植物按照秦仁昌系统（1978）、裸子植物按照郑万钧系统（1978）、被子植物按照APG Ⅳ（2016）分别进行；科内属的排列，按照属拉丁名称的首字母顺序进行；属内物种的排列，以种加词拉丁名称的首字母顺序进行。每种植物的文字内容包括俗名、分类学地位、关键识别特征、生境与分布和价值与应用，另附有多幅精美照片和部分凭证标本照片，力争做到图文并茂、科学性和通俗性相统一。

在本图鉴编写过程中，江苏省中国科学院植物研究所（南京中山植物园）刘启新研究员、江苏省渔业技术推广中心张朝晖研究员、生态环境部南京环境科学研究所武建勇研究员、南京农业大学淮安研究院单宏业研究员、中国科学院南京地理与湖泊研究所黄晓龙博士等从不同角度，认真审阅了本书内容，提出了富有建设性的修改意见，在此一并致谢！

由于编者业务水平有限，书中疏漏之处在所难免，请广大读者在使用过程中提出宝贵意见，以便再版时修改。

编　者

二〇二三年七月于山东曲阜

目录 CONTENTS

绪论

1 自然地理状况

1.1 地理位置

洪泽湖是我国第四大淡水湖（五大淡水湖依次是江西鄱阳湖、湖南洞庭湖、江苏太湖、江苏洪泽湖及安徽巢湖），位于江苏省西部淮河中游、苏北平原中部西侧，淮安、宿迁两市境内，跨三县三区（即淮安市洪泽区、盱眙县、淮阴区，宿迁市泗洪县、泗阳县、宿城区），地理位置在33º06′～33º40′N，118º10′～118º52′E之间，为淮河中下游结合部，是南水北调东线工程的过水通道。全湖水域由成子湖湾、溧河湖湾、淮河湖湾三大湖湾组成。

1.2 历史成因

洪泽湖的形成源于三大因素。其一，地壳断裂形成凹陷，是洪泽湖形成的自然因素。始于唐宋以前的小湖群，主要有富陵湖、破釜涧、泥墩湖和万家湖等。其二，黄河夺淮是形成洪泽湖雏形的客观因素。宋朝绍熙五年（公元1194年），黄河决阳武，至梁山泊分南北二支，南支与泗水汇合，南流入淮，此为黄河改道之始。至清朝咸丰五年（公元1855年），黄河北徙，由利津入海，黄河夺淮长达近700年之久。黄河居高临下倒灌入淮，黄淮合流，流量增加，水位抬高，导致大小湖沼、洼地被连成一片，汇聚成湖。其三，大筑高家堰（洪泽湖大堤）是洪泽湖完全形成的人为因素，也是决定性因素。

1.3 水文条件

洪泽湖入湖河道主要有淮河、漴潼河、濉河、安河和维桥河，这些河流大多分布于湖的西部，还有怀洪新河、新汴河、徐洪河、老汴河、团结河、张福河等。其流域面积为15.8万平方千米，其中淮河流入量占总入湖水量的70%以上。下游出湖河道主要有：

①淮河入江水道，其为淮河、洪泽湖的主要泄洪道，湖水60% ~ 70%由三河闸下泄，经入江水道流入长江。②淮沭新河和苏北灌溉总渠，分别经由二河闸和高良涧进水闸承泄湖水。③淮河入海水道，以备特大水灾年份承泄淮河洪水。

因受季风气候的影响，洪泽湖降水量较为丰沛。洪泽湖属过水性湖泊，水域面积随水位波动较大。在正常蓄水水位12.5米时，面积达2 069平方千米，容积为31.27亿立方米。当湖水水位达13.5米时，湖区面积为2 231.9平方千米，相应库容为52.95亿立方米，此时湖区面积基本与中国第三大淡水湖太湖相当（太湖水域面积为2 388平方千米）。湖水水位达17米时，防洪库容为135亿立方米。最大水深5米，平均水深1.5米。湖底高程一般为10～11米，最低处7.5米左右。湖底高程高出东侧平原4～8米，所以又称为“悬湖”。

洪泽湖水质属中-富营养型，主要污染物是氨、酚、总汞等；年平均水温为16.3℃，最高水温在9月为28℃，最低水温在1月为3℃。洪泽湖每年都有不同程度的结冰现象，只有当北方强冷空气过境时，湖面才出现封冻，全湖性封冻一般发生在寒冷的1—2月。

1.4
气候特点

洪泽湖区域属暖温带黄淮海平原区与北亚热带长江中、下游区的过渡带，湖区地处淮河—苏北灌溉总渠这一南北分界线上，春温多变，秋凉气爽，冬冷夏热，四季分明，雨热同季，光、热、水资源季节配置较好，气候资源优越。

湖区无霜期240天，湖上风速大，年平均风速3.7米/秒，最大风速24米/秒，有明显的湖陆风，多为偏东风。因受季风气候的影响，洪泽湖降水量较为丰沛。年平均气温14.8℃，1月平均气温1.0℃，7月平均气温27.6℃。

2 调查研究方法

2.1 样地设置

根据洪泽湖地形及植物群落分布情况分别设置样地，共设计1平方千米的样地（1千米×1千米）42个，对样地中的物种进行详细调查。

2.2 采样点位置信息（表1）

表1 采样点位置信息

序号	地区	地点	生境	经纬度	海拔高度（米）
1	宿迁市泗阳县	卢集镇高湖村（执法管理基地）西南	湖岸湿地及湖滩浅水	118°37′01.64″E 33°26′52.05″N	9.0
2	宿迁市泗阳县	卢集镇曾嘴村东南	湖岸湿地	118°37′13.16″E 33°32′29.68″N	4.0
3	宿迁市泗阳县	卢集镇西周村西南	湖边湿地及鱼塘堤岸	118°34′43.03″E 33°33′23.01″N	10.0
4	宿迁市泗阳县	卢集镇新庄嘴西侧	湖岸湿地	118°34′29.53″E 33°36′03.74″N	13.0
5	宿迁市泗阳县	裴圩镇黄码河入湖口	村边河岸湿地	118°45′18.14″E 33°26′34.97″N	4.0
6	宿迁市泗洪县	龙集镇东嘴村台光路南端	村边湖岸湿地及浅水	118°38′20.02″E 33°20′41.56″N	12.0
7	宿迁市泗洪县	龙集镇袁庄东偏北	湖岸滩涂湿地	118°36′0.14″E 33°22′29.03″N	11.0
8	宿迁市泗洪县	龙集镇张嘴村北侧	湖岸滩涂湿地	118°33′32.86″E 33°23′46.64″N	8.0
9	宿迁市泗洪县	龙集镇小丁庄南侧（徐洪河与安东河、峨眉河交汇处）	堤岸林下或岸边灌丛	118°30′55.64″E 33°26′56.59″N	3.0

（续）

序号	地区	地点	生境	经纬度	海拔高度（米）
10	宿迁市泗洪县	太平镇倪庄东侧	湖岸漫滩湿地	118°29′44.08″E 33°30′10.14″N	14.0
11	宿迁市泗洪县	临淮镇蚕桑场三组东侧	湖岸漫滩湿地	118°25′30.87″E 33°14′47.59″N	6.0
12	宿迁市泗洪县	临淮镇二河村老汴河东北	河岸湿地及绿化带	118°23′10.66″E 33°14′55.48″N	13.0
13	宿迁市泗洪县	洪泽湖湿地国家级自然保护区	人工湿地	118°19′20.03″E 33°13′51.15″N	15.0
14	宿迁市泗洪县	城头乡朱台子村西南	鱼塘湿地	118°15′22.27″E 33°14′21.32″N	7.0
15	淮安市洪泽区	老子山镇马浪岗村东北	岛状漫滩湿地	118°39′39.74″E 33°11′33.35″N	10.0
16	淮安市洪泽区	老子山镇剪草沟村东侧龙河北岸	湖岸杨树下灌丛	118°32′41.27″E 33°12′22.96″N	13.0
17	淮安市洪泽区	老子山镇小兴滩村西北六道沟西岸	鱼塘堤岸湿地	118°33′19.47″E 33°12′43.99″N	14.0
18	淮安市盱眙县	官滩镇王桥圩截水沟	河岸湿地浅水	118°36′57.33″E 33°10′49.84″N	7.0
19	淮安市盱眙县	官滩镇武小圩东侧	湖岸漫滩湿地	118°39′51.39″E 33°07′48.63″N	21.0
20	淮安市洪泽区	高良涧街道洪祥村东北	湖岸鱼塘湿地	118°51′39.93″E 33°20′04.31″N	5.0
21	淮安市洪泽区	蒋坝镇头河滩村东南侧湖滩（三河闸西侧）	湖岸漫滩湿地	118°43′40.74″E 33°05′36.11″N	5.0
22	淮安市盱眙县	官滩镇东嘴东侧	鱼塘堤岸湿地	118°39′55.10″E 33°08′52.21″N	12.0
23	宿迁市泗洪县	龙集镇东嘴村东北	鱼塘堤岸湿地及湖滩浅水	118°39′47.84″E 33°21′09.54″N	16.4
24	宿迁市宿城区	中扬镇水产养殖协会南侧（古山河入湖口）	湖岸鱼塘湿地	118°29′31.72″E 33°36′47.92″N	13.0
25	宿迁市泗洪县	半城镇南侧团结河入湖口	湖边湿地及部分人工湿地	118°23′52.67″E 33°18′03.94″N	13.8
26	宿迁市泗洪县	半城镇濉河入湖口	湖岸鱼塘湿地	118°28′24.94″E 33°20′51.61″N	13.5

（续）

序号	地区	地点	生境	经纬度	海拔高度（米）
27	宿迁市泗洪县	双沟镇双淮村西北小河头附近	湖岸湿地	118°14′42.75″E 33°11′54.19″N	14.2
28	宿迁市泗洪县	洪泽湖湿地国家级自然保护区	湖滩湿地及浅水处	118°13′09.64″E 33°13′51.97″N	10.6
29	宿迁市泗洪县	瑶沟乡陈圩村南老濉河与新汴河交汇处	湖岸湿地开垦种植农作物处	118°12′13.04″E 33°23′02.07″N	10.4
30	宿迁市泗洪县	龙集镇肖河村南湖内	敞水区	118°35′50.50″E 33°19′23.11″N	15.4
31	宿迁市泗洪县	半城镇穆墩河东湖内	敞水区	118°28′29.98″E 33°19′13.16″N	17.0
32	淮安市洪泽区	老子山镇小戚庄村东南侧湖内	敞水区	118°40′11.12” E 33°10′35.50” N	12.1
33	宿迁市泗阳县	成子湖湾湖内	敞水区	118°32′06.64″E 33°32′01.81″N	13.0
34	宿迁市泗阳县	成子湖湾湖内	敞水区	118°34′27.64″E 33°27′00.92″N	11.5
35	宿迁市泗阳县	成子湖湾湖内	敞水区	118°39′08.21″E 33°23′34.51″N	11.4
36	淮安市洪泽区	老避风港湖内	敞水区	118°44′39.22″E 33°20′23.45″N	9.1
37	淮安市洪泽区	老避风港湖内	敞水区	118°43′57.91″E 33°14′59.25″N	18.4
38	淮安市洪泽区	淮河湖湾湖内	敞水区	118°43′09.38″E 33°09′37.97″N	15.9
39	淮安市洪泽区	淮河湖湾湖内	敞水区	118°37′37.02″E 33°15′48.85″N	12.1
40	宿迁市泗洪县	溧河湖湾湖内	敞水区	118°31′27.06″E 33°17′31.98″N	16.5
41	宿迁市泗洪县	溧河湖湾湖内	敞水区	118°28′02.47″E 33°12′55.00″N	11.8
42	宿迁市泗洪县	溧河湖湾湖内	敞水区	118°22′04.78″E 33°10′55.86″N	12.4

3 研究结果

3.1
物种组成和区系成分分析

3.1.1 物种组成

洪泽湖湖面辽阔，位于淮河中、下游结合处，地处我国地理分区北方地区和南方地区的地理分界线上，为我国植物南北交流的过渡地带。洪泽湖地区气候温暖，水分充足，环境适宜，适于各种水生植物生长发育。根据初步调查，洪泽湖地区水生植物254种，隶属于60科152属。其中，蕨类植物4科5属6种；裸子植物1科2属3种；被子植物55科145属245种（表2）。

表2 洪泽湖区域水生植物科属种统计

科名	属数	种数	科名	属数	种数
木贼科	1	2	桑科	1	1
水蕨科	1	1	胡桃科	1	1
蘋科	1	1	葫芦科	1	1
槐叶蘋科	2	2	酢浆草科	1	1
杉科	2	3	杨柳科	1	2
睡莲科	3	6	牻牛儿苗科	1	1
三白草科	1	1	千屈菜科	3	4
菖蒲科	1	1	柳叶菜科	2	3
天南星科	2	2	锦葵科	1	1
泽泻科	2	3	十字花科	2	6
花蔺科	1	1	柽柳科	1	1
水鳖科	4	4	蓼科	3	18
茨藻科	1	2	石竹科	3	3
眼子菜科	1	3	苋科	6	12
鸢尾科	1	1	茜草科	2	3

（续）

科名	属数	种数	科名	属数	种数
鸭跖草科	1	3	夹竹桃科	3	4
雨久花科	1	1	紫草科	2	2
美人蕉科	1	1	旋花科	2	2
竹芋科	1	1	茄科	4	5
香蒲科	1	2	车前科	2	10
灯芯草科	1	2	母草科	1	1
莎草科	7	27	爵床科	1	1
禾本科	24	31	狸藻科	1	1
金鱼藻科	1	1	唇形科	7	7
毛茛科	1	3	通泉草科	1	1
莲科	1	1	桔梗科	1	1
扯根菜科	1	1	睡菜科	1	2
小二仙草科	1	1	菊科	15	26
豆科	9	14	五加科	1	2
蔷薇科	2	4	伞形科	4	5

3.1.2 区系成分

从中国植物区系分区来看，洪泽湖区域的植物区系处于东亚植物区→中国－日本森林植物亚区→华北地区→华北平原亚地区（吴征镒等，2011；陈灵芝等，2015）。根据吴征镒等（2003）的“世界种子植物科的分布区类型系统”和吴征镒等（2006）、陈灵芝等（2015）的“中国种子植物属的分布区类型”等文献，对洪泽湖区域内的野生水生植物进行区系成分分析。

在152属中，国外引种5属，中国原产147属。在147属中，世界分布42属，因其不反映区系性质，在统计时扣除。参与统计的105属中，泛热带分布27属，占总属数的25.71%；热带亚洲及热带美洲间断分布2属，占总属数的1.91%；旧世界热带分布4属，占总属数的3.81%；热带亚洲至热带大洋洲分布3属，占总属数的2.86%；热带亚洲至热带非洲分布2属，占总属数的1.91%；热带亚洲分布5属，占总属数的4.76%；北温带分布29属，占总属数的27.62%；东亚和北美间断分布7属，占总属数的6.67%；旧世界温带分布18属，占总属数的17.14%；温带亚洲分布1属，占总属数的0.95%；地中海、西亚至中亚分布1属，占总属数的0.95%；中亚分布0属，占总属数的0%；东亚分布6属，占总属数的5.71%。在洪泽湖区域，中国特有分布0属，占总属数的0%。

属的分布区类型的统计表明，热带性质的属43个，占总属数的40.95%，温带性质的属62个，占总属数的59.05%。说明洪泽湖水生植物区系处于南北交会地区、亚热带向北温带的过渡地带，且具有明显温带性质。

3.2 生态类型及群落分布概况

3.2.1 生态类型

植物按照从水体、水岸交界处、消落带到缓冲带的分布规律，依次分为沉水植物、漂浮植物、根生浮叶植物、挺水植物或湿生植物。

（1）沉水植物，植物体的茎、叶全部沉于水中，根大多数扎入水底淤泥内，少数沉水植物为不扎根型。该类型有11种，占水生植物总数的4.31%，如菹草、金鱼藻、黑藻、苦草和穗状狐尾藻等。

（2）漂浮植物，植物体全部漂浮在水面上，根通常退化或完全没有，具有明显的漂浮特征。该类型有6种，占水生植物总数的2.35%，如水鳖、槐叶蘋、满江红和紫萍等。

（3）根生浮叶植物，植物体的根、地下茎生长在水底淤泥中，而叶片则漂浮在水面上。该类型有9种，占水生植物总数的3.53%，如欧菱、细果野菱、荇菜、芡和睡莲等。

（4）挺水植物或湿生植物，植物体上部（包括茎、叶、花和果等）挺出水面生长，这些器官具有陆生植物的特性，而植物体下部（包括根和根状茎等）沉于水体内或生于水下淤泥中，具有水生植物的特性。该类型有229种，占水生植物总数的89.80%，如狭叶香蒲、芦苇、高秆莎草、头状穗莎草、菰、莲、花蔺、酸模叶蓼、水葱、三棱水葱、扁秆荆三棱、双穗雀稗、旋鳞莎草、白鳞莎草和碎米莎草等。

3.2.2 主要植物群落的分布

（1）湿生或挺水植物群落，如芦苇群落、狭叶香蒲群落、菰群落、酸模叶蓼群落、头状穗莎草＋高秆莎草群落、旋鳞莎草＋白鳞莎草群落、莲群落等分布于湖岸浅水或湿地。

（2）浮叶或漂浮植物群落，如芡群落、荇菜群落、水鳖群落、空心莲子草群落、槐叶蘋群落、满江红群落、紫萍 + 浮萍群落等分布于敞水区及岸边浅水水面上。

（3）沉水植物群落，如竹叶眼子菜群落、苦草群落、金鱼藻群落、黑藻群落、菹草群落、篦齿眼子菜群落、穗状狐尾藻群落等分布于敞水区及岸边浅水中。

3.3 国家重点保护野生植物和外来入侵植物

3.3.1 国家重点保护野生植物

调查研究发现，洪泽湖区域内被列入《国家重点保护野生植物名录》的植物有3种，分别是野大豆、水蕨和细果野菱，其保护等级均为二级。

3.3.2 外来入侵植物

依据《中国外来入侵植物志》（马金双，2021），洪泽湖区域内外来入侵植物有23种，占总种数的9.06%（表3）。特别是空心莲子草、钻叶紫菀、大狼耙草、野老鹳草等，一般分布在河岸、湖滩湿地及荒滩等处。从分布点可知，它们在洪泽湖区域，分布广泛，占地面积大，入侵态势严峻；还有豚草、刺苋、北美车前等，虽然其分布面积目前较为局限，但入侵势头不容小觑。总的来看，这些外来入侵植物对当地植物区系已经产生严重影响或具有潜在的威胁，严重危害着当地生态系统及生物多样性，应当引起有关部门的高度重视，及时预警并采取相应的防治措施。

表3 江苏洪泽湖区域外来入侵植物

序号	中文名	拉丁名	原产地	洪泽湖分布（采样点）
1	空心莲子草	*Alternanthera philoxeroides*	南美洲	1、2、3、4、5、6、7、8、9、10、11、12、13、14、15、16、17、18、19、20、21、23、24、25、26、27、28、32、39、40、42
2	钻叶紫菀	*Symphyotrichum subulatum*	北美洲	1、2、3、4、5、6、8、9、10、11、12、13、14、16、17、18、19、20、21、22、23、24、26、27、28
3	大狼耙草	*Bidens frondosa*	北美洲	1、2、3、4、5、6、8、9、10、11、13、14、15、16、17、19、20、21、22、23、26
4	野老鹳草	*Geranium carolinianum*	美洲	1、2、3、4、5、6、7、8、12、13、14、16、17、21、22、23、26、27、28、29

（续）

序号	中文名	拉丁名	原产地	洪泽湖分布（采样点）
5	野胡萝卜	*Daucus carota*	欧洲	1、2、3、4、6、7、8、9、10、11、12、13、17、18、20、27
6	皱果苋	*Amaranthus viridis*	美洲热带地区	3、5、6、7、8、10、12、14、15、17、21、22
7	野燕麦	*Avena fatua*	南欧及地中海地区	1、4、7、8、12、17、18、23、26、28、29
8	加拿大一枝黄花	*Solidago canadensis*	北美洲	3、6、8、13、16、17、21、22、23
9	苦苣菜	*Sonchus oleraceus*	欧洲	1、5、6、8、11、12、14、17、23
10	决明	*Cassia tora*	美洲热带地区	2、6、8、13、14、19
11	凹头苋	*Amaranthus blitum*	美洲热带地区	5、6、9、13、15、21
12	白车轴草	*Trifolium repens*	欧洲	11、12、21
13	土荆芥	*Dysphania ambrosioides*	美洲中南部	5、15、17
14	曼陀罗	*Datura stramonium*	墨西哥	3、5、6
15	直立婆婆纳	*Veronica arvensis*	欧洲	1、21
16	豚草	*Ambrosia artemisiifolia*	北美洲	1、21
17	小花山桃草	*Gaura parviflora*	北美洲	11、12
18	刺苋	*Amaranthus spinosus*	美洲热带地区	5、6
19	北美车前	*Plantago virginica*	北美洲	21
20	长叶车前	*Plantago lanceolata*	欧洲、亚洲北部及中部	13
21	红车轴草	*Trifolium pratense*	欧洲中部	12
22	紫苜蓿	*Medicago sativa*	亚洲西部	11
23	合被苋	*Amaranthus polygonoides*	加勒比海岛屿、美国、墨西哥等地	12

3.4
江苏新分布植物

调查研究发现，江苏省新分布植物有4种：①竹节菜，为鸭跖草科鸭跖草属植物，分布于盱眙县老子山镇小兴滩村西北湖岸边。②疣果飘拂草，为莎草科飘拂草属植物，分布于泗洪县龙集镇成河尚嘴村湖滩消落带浅水中。③细匍匐茎水葱，为莎草科水葱属植物，分布于泗阳县卢集镇新庄嘴湖边消落带。④断节莎，为莎草科莎草属植物，分布于泗洪县太平镇倪庄东侧湖边湿地。

蕨类植物门

Pteridophyta

木贼科 Equisetaceae

○ 节节草 *Equisetum ramosissimum* Desf.

俗名：节节木贼

分类学地位：木贼科木贼属

关键识别特征：多年生草本。根状茎直立、横走或斜升，黑褐色。地上枝一型，绿色，主枝丛生，坚硬，通常中空。叶鳞片状，在节上轮生成鞘，鞘齿三角形，边缘膜质，灰白色或少数中央黑褐色，宿存；侧枝圆柱状，2～5枚，轮生，鞘齿披针形，多数。孢子叶穗生枝顶，近椭球形，顶端有小突尖，无柄。生殖期7—9月。

生境与分布：生于湖滩湿地。裴圩镇黄码河入湖口、老子山镇小兴滩村等有分布。国内分布于南北各省份。

价值与应用：全草入药，可疏风散热、解肌退热，治疗风热感冒、咳嗽、目赤肿痛、尿血、黄疸、肝炎、支气管炎和泌尿感染等。

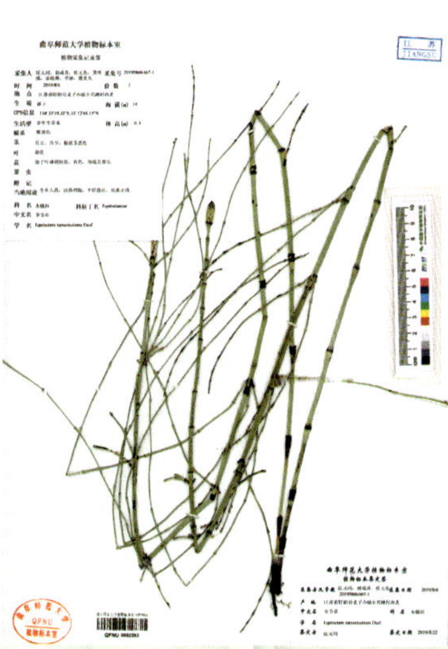

问荆 *Equisetum arvense* L.

俗名：接续草

分类学地位：木贼科木贼属

关键识别特征：多年生草本。根状茎横走。地上枝异型，分营养枝和生殖枝。营养枝直立，分枝轮生，在生殖枝枯萎后生出。叶鳞片状，在节上轮生成鞘，鞘齿披针形，黑棕色，边缘具膜质白边，宿存。生殖枝早春先发，不分枝，黄褐色。孢子叶穗生枝顶，短棒状或椭球形，顶端钝圆。生殖期3—4月。

生境与分布：生于湖滩湿地。洪泽湖区域有分布。国内南北各地均有分布。

价值与应用：全草入药，有清热、凉血、解毒、利尿作用，主治吐血、衄血、便血、代偿性月经（倒经）、咳嗽气喘、淋病等病症，兼有止痛消肿的功能。

水蕨科 Parkeriaceae

○ 水蕨 *Ceratopteris thalictroides* (L.) Brongn.

俗名：龙须菜、龙牙草、水芹菜

分类学地位：水蕨科水蕨属

关键识别特征：多年生草本，幼嫩时绿色，多汁，柔软。根状茎短而直立。叶二型，簇生。不育叶直立或幼时漂浮，狭长圆形，二至四回羽状深裂，裂片互生，斜展，彼此远离。能育叶卵状三角形，二至三回羽状深裂，裂片具柄，互生，斜展，狭线形，角果状，边缘反卷达主脉，像假囊群盖，成熟后或多或少张开，露出生于主脉两侧的孢子囊群。生殖期9—11月。

生境与分布：生于湖滩浅水、湿地或水沟的淤泥中，有时浮于水面上。洪泽湖区域有分布。国内分布于华南、西南、华东、华中等地区。

价值与应用：国家二级重点保护野生植物。茎叶入药，治胎毒、消痰积等；嫩叶可作为蔬菜食用。

蘋科 Marsileaceae

蘋 *Marsilea quadrifolia* L.

俗名：田字草、四叶蘋

分类学地位：蘋科蘋属

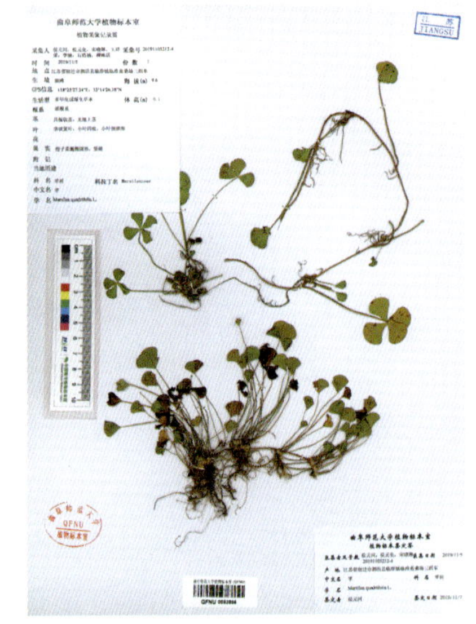

关键识别特征： 多年生草本。根状茎细长横走，有分枝，节处向下生不定根；向上生出1至数枚叶。小叶倒三角形，4枚，“十”字形排列于细长叶柄的顶端。孢子果椭球形，双生或单生于叶柄基部的短柄顶端，幼时被毛，成熟时褐色，光滑，木质，坚硬。生殖期9—10月。

生境与分布： 生于湖滩湿地及浅水中。临淮镇蚕桑场三组、老子山镇东嘴村等有分布。我国各地浅水区域广布。

价值与应用： 全草入药，具清热解毒、利水消肿等功效，外用治疮痈、毒蛇咬伤等。

槐叶蘋科 Salviniaceae

○ 槐叶蘋 *Salvinia natans* (L.) All.

俗名：槐叶苹

分类学地位：槐叶蘋科槐叶蘋属

关键识别特征：一年生小型草本。茎匍匐横走，三叶轮生。每节上叶两型：浮水叶2枚，草质，椭圆形，上面具成束的白色刚毛，深绿色，下面密被棕色茸毛，在茎上排为羽状，似槐叶；沉水叶1枚，须根状，垂悬于水中。大、小孢子果均球形，4～8个，簇生于沉水叶基部，表面疏生成束的短毛。生殖期9—11月。

生境与分布：漂浮于湖内水面上。卢集镇高湖村、新庄嘴村，龙集镇小丁庄村、东嘴村、张嘴村，城头乡朱台子村，洪泽湖湿地国家级自然保护区，老子山镇王桥圩村，高良涧街道洪祥村，等等，均有分布。国内广布于长江流域和华北、东北、新疆等地区。

价值与应用：植物体能够吸收、富集重金属；全草入药，煎服，治虚劳发热、湿疹等；外敷，治丹毒、疔疮和烫伤等。

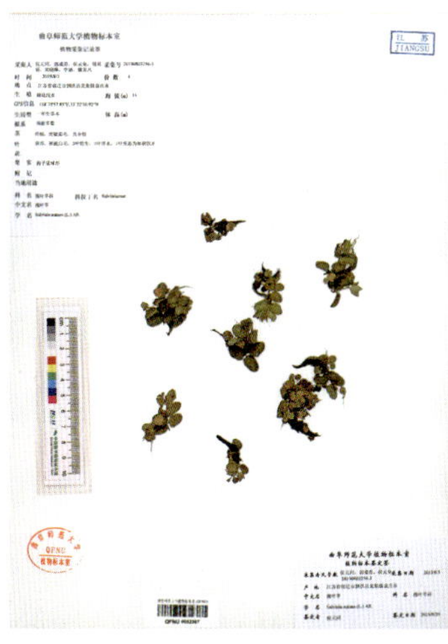

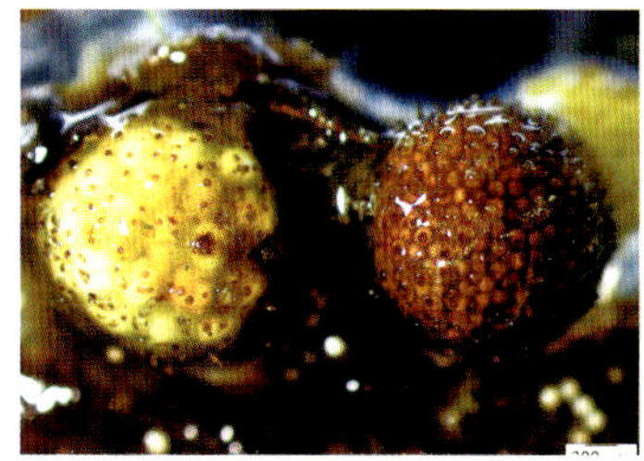

满江红 *Azolla pinnata* R. Br. subsp. *asiatica* R. M. K. Saunders et K. Fowler

俗名：红苹

分类学地位：槐叶蘋科满江红属

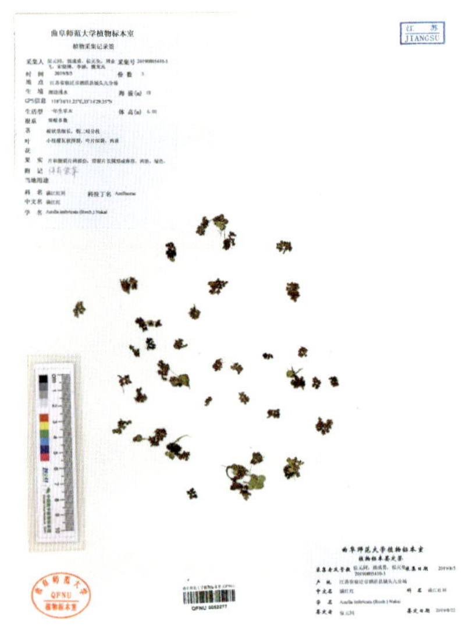

关键识别特征：一年生小型草本，植株呈卵形或三角状。茎横走，侧枝腋生，假二歧分枝，向下生须根。叶互生，覆瓦状排列；叶片肉质，深裂为背裂片和腹裂片，背裂片长圆形或卵形，浮于水面，绿色，但在秋后变为紫红色；腹裂片膜质透明，沉水中。孢子果双生于茎分枝处，大孢子果小，狭卵形；小孢子果大，球形或桃形。

生境与分布：漂浮于湖内水面上。卢集镇西周村，裴圩镇黄码河入湖口，龙集镇东嘴村、小丁庄村，城头乡朱台子村，洪泽湖湿地国家级自然保护区，老子山镇王桥圩村，官滩镇武小圩村，等等，均有分布。国内分布于长江流域和南北各省份。

价值与应用：植物体能够降低水体的化学需氧量（COD）、悬浮物及氨氮；茎叶是优质绿肥，亦可作为饲料和药材使用。

裸子植物门

Gymnospermae

杉科 Taxodiaceae

水杉 *Metasequoia glyptostroboides* Hu et Cheng

俗名：水桫

分类学地位：杉科水杉属

关键识别特征： 高大落叶乔木，树皮纵裂，树干笔直，具宝塔形树冠。枝条分主小枝和侧小枝。主小枝上叶条形，交互对生；侧小枝上叶基部扭转，排成两列，呈羽毛状，秋后侧小枝脱落。雄球花多数，着生于小枝顶端，排成圆锥状，下垂；球果具长柄，下垂，近四棱状球形，种鳞交互对生。种子周围具翅。花期2月下旬，球果11月成熟。

生境与分布： 生于湖岸浅水或湿地。临淮镇二河村、洪泽湖湿地国家级自然保护区、蒋坝镇头河滩村等地有栽培。国内分布于湖北、重庆、湖南三省份交界的利川、石柱、龙山三县局部地区。

价值与应用： 我国特有树种。其野生资源为国家一级重点保护野生植物。树干挺拔，可供建筑、家具之用；树形优美，是良好的绿化观赏树种。

○落羽杉 *Taxodium distichum*(L.)Rich.

俗名：落羽松

分类学地位：杉科落羽杉属

关键识别特征：高大落叶乔木。树皮褐色，片状脱落。叶条形，主小枝上螺旋状散生，侧小枝上基部扭转，排成二列，呈羽毛状，秋后脱落。雄球花卵球形，有短梗，在小枝顶端排列成总状或圆锥状。球果卵球形，有短梗，向下斜垂，熟时淡褐黄色，有白粉；种鳞木质，盾形，顶部有明显或微明显的纵槽。种子不规则三角形，有锐棱，褐色。球果10月成熟。

生境与分布：生于湖滩湿地。临淮镇二河村、洪泽湖湿地国家级自然保护区等地有栽培。我国江南低湿地区引种栽培。原产于北美洲。

价值与应用：树干高大挺拔，为优美的庭院、道路绿化树种；其木材材质轻软，纹理细致，易于加工，耐腐朽，可作为建筑、船舶、家具等用材。

○池杉 *Taxodium ascendens* Brongn.

俗名：池柏、沼落羽松

分类学地位：杉科落羽杉属

关键识别特征：高大落叶乔木。树干挺直，树皮纵裂，基部膨大，具屈膝状呼吸根；树冠尖塔形。叶钻形，在枝上螺旋状着生，向上渐窄，先端有渐尖的锐尖头，下面有棱脊。球果球形，有短梗，向下斜垂，熟时褐黄色；种鳞木质，盾形。种子不规则三角形，微扁，红褐色，边缘有锐脊。花期3—4月，球果10月成熟。

生境与分布：生于湖岸湿地或浅水中。洪泽湖湿地国家级自然保护区等地有栽培。国内长江流域引种栽培。原产于北美东南部。

价值与应用：树形优美，可作为造林树种和园林绿化树种。

被子植物门

Angiospermae

睡莲科 Nymphaeaceae

芡 *Euryale ferox* Salisb. ex Konig et Sims

俗名：鸡头米、芡实

分类学地位：睡莲科芡属

关键识别特征：一年生大型浮叶草本，具硬刺。沉水叶箭形或椭圆状肾形；浮水叶革质，椭圆状肾形至圆形，盾状着生，下面带紫色。花梗粗壮，花挺在水面开放，萼片披针形，4枚，较硬，外面密生硬刺；花瓣矩圆状披针形或披针形，多数，蓝紫色或紫红色。浆果近球形，污紫红色。种子球形，黄绿褐色。花期7—8月，果期8—9月。

生境与分布：生于湖滩及湖边浅水。卢集镇曾嘴村，裴圩镇黄码河入湖口，城头乡朱台子村，洪泽湖湿地国家级自然保护区，蒋坝镇头河滩村，官滩镇武小圩村，等等，均有分布。国内分布于南北各地。

价值与应用：植物体能降低水体的生物需氧量（BOD）、化学需氧量（COD）；种子含淀粉，供食用、酿酒等；亦可供药用，能补脾益肾。

○ 白睡莲 *Nymphaea alba* L.

俗名：欧洲睡莲

分类学地位：睡莲科睡莲属

关键识别特征： 多年生水生草本，根茎粗短。叶片近圆心形，基部弯缺，浮水。花大而美丽，开放后花径10～20厘米，萼片披针形，4枚；花瓣多数，纯白色，向内渐小，逐渐过渡到雄蕊；雄蕊多数，花药黄色；雌蕊子房下位，柱头扁平，具15～20条辐射线。浆果半球形。种子椭球形。花果期6—10月。

生境与分布： 生于湖边浅水。洪泽湖湿地国家级自然保护区有栽培。国内各地区广泛栽培。原产于印度、俄罗斯、欧洲等国家和地区。

价值与应用： 植物体能降低水体的BOD、COD，去除总氮，多用于水体净化、绿化和美化等；根状茎可食用。

红睡莲 *Nymphaea alba* L. var. *rubra* Lonnr.

分类学地位：睡莲科睡莲属

关键识别特征：多年生水生草本，根状茎粗短。叶近圆心形，基部弯缺，浮水。花大而美丽，开放后花径12～15厘米；萼片披针形，4枚；花瓣粉红色或玫瑰红色，多数；雄蕊多数；柱头扁平，具15～20枚辐射线。浆果半球形。种子椭球形。

生境与分布：生于湖边浅水。洪泽湖湿地国家级自然保护区有栽培。原产于瑞士。国内广泛栽培。

价值与应用：植物体降低水体的BOD、COD，去除总氮，多用于水体净化、绿化和美化等。

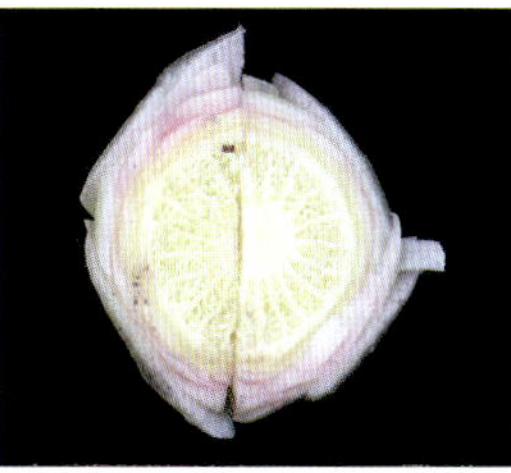

香睡莲 *Nymphaea odorata* Aiton

分类学地位：睡莲科睡莲属

关键识别特征：多年生水生草本，具根状茎。叶柄和叶背面紫红色，叶片心状卵形，基部弯缺，浮水，叶柄具长柔毛。花大而美丽，开放后花径7～15 厘米，萼片深褐色，花瓣白色，略带粉红色；雄蕊多数，花药黄色。花上午开放，有香味。

生境与分布：生于湖边浅水。洪泽湖湿地国家级自然保护区有栽培。国内广泛栽培。原产于北美洲。

价值与应用：根能吸收水中铅、汞、苯酚等有毒物质，可降低水体的BOD、COD，去除总氮，多用于水体净化、绿化和美化等。

黄睡莲 *Nymphaea mexicana* Zucc.

俗名：墨西哥黄睡莲

分类学地位：睡莲科睡莲属

关键识别特征：多年生水生草本，根状茎短直，块状或球状。叶片心状卵形，基部弯缺，浮水或稍高出水面，背面紫红褐色，具小黑色斑点。花大而美丽，开放后花径10～15厘米；萼片绿色，内侧带黄色；花瓣黄色，多数，向内渐小；雄蕊多数，花药黄色。

生境与分布：生于湖边浅水。洪泽湖湿地国家级自然保护区有栽培。国内广泛分布。原产于墨西哥。

价值与应用：根能吸收水中铅、汞、苯酚等有毒物质，可降低水体BOD、COD，去除总氮，多用于水体净化、绿化和美化等。

王莲 *Victoria amazonica* (Poepp.) Sowerby

分类学地位：睡莲科王莲属

关键识别特征：多年生或一年生大型浮叶草本。初生叶针状，后向两侧展开，叶缘上翘，呈圆盘状，叶面绿色略带微红色，有皱褶，背面紫红色，具刺。花单生，常伸到水面开放，花大且美，第一天傍晚伸出水面开放，芳香，白色，翌日清晨逐渐闭合，傍晚再次开放，花瓣变为淡红色至深红色，第三天闭合并沉入水中结实。花果期7—9月。

生境与分布：生于湖边浅水中。洪泽湖湿地国家级自然保护区有栽培。国内南方引种栽培。原产于南美洲亚马孙河流域。

价值与应用：植物体能净化水体，在园林水景中被称为“水生花卉之王”，具有很高的观赏价值。

三白草科 Saururaceae

蕺菜 *Houttuynia cordata* Thunb.

俗名：鱼腥草

分类学地位：三白草科蕺菜属

关键识别特征：多年生草本，具鱼腥味。根状茎细长横走，节上生不定根。茎直立，多分枝。单叶互生，叶片心形；托叶下部与叶柄合生，呈鞘状。穗状花序近圆柱形，在枝端，或与叶对生，总苞片4枚，白色，花瓣状，“十”字形着生于花穗基部；花小，两性，花丝下部与子房合生，子房上位。蒴果卵球形。花期4—7月。

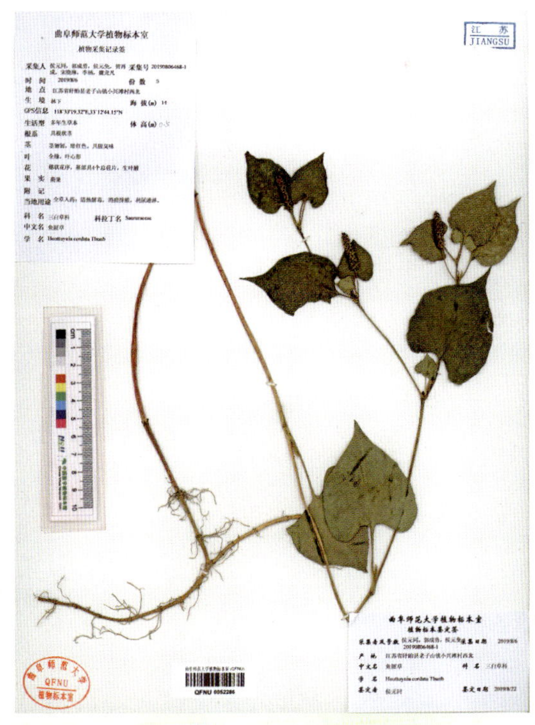

生境与分布：生于林下及湖边湿地。老子山镇小兴滩村、蒋坝镇头河滩村等地有分布。国内广泛分布于华中、华南等地区。

价值与应用：全草入药，有清热、解毒、利水之功效，治肠炎、痢疾、肾炎水肿及乳腺炎、中耳炎等；嫩根茎可食。

菖蒲科 Acoraceae

○ 菖蒲 *Acorus calamus* L.

俗名：臭蒲、香蒲

分类学地位：菖蒲科菖蒲属

关键识别特征： 多年生草本。根状茎粗壮，横走，具分枝。叶基生，两列，叶片剑形，中脉明显突出，基部叶鞘套折，有膜质边缘。花序柄三棱形，肉穗花序黄绿色，斜向上或近直立，狭锥状圆柱形，佛焰苞剑状线形。浆果长球形，成熟时黄褐色。花期（2—）6—9月。

生境与分布： 生于湖边浅水或湿地。老子山镇张嘴村等地有分布。

价值与应用： 植物体能够去除氨氮，亦用于驱虫、观赏；根茎入药，具化痰开窍、健脾利湿等功效。

天南星科 Araceae

○ 浮萍 *Lemna minor* L.

俗名：青萍、水浮萍

分类学地位：天南星科浮萍属

关键识别特征：小型飘浮草本。叶状体近圆形，绿色；背面一侧具囊，新叶状体于囊内形成，浮出，以极短的细柄与母体相连，随后脱落。叶下垂生丝状根1条，白色。雌花具弯生胚珠1枚。果实无翅，近陀螺状。种子具凸出的胚乳，并具12～15条纵肋。

生境与分布：生于水田、池沼或其他静水水域。卢集镇西周村、洪泽湖湿地国家级自然保护区等地有分布。国内分布于南北各省份。

价值与应用：植物体能吸收富集重金属及有机污染物，如多氯联苯、亚甲基蓝等，能净化水体；全草入药，具发汗、利水、消肿毒等功效。

紫萍 *Spirodela polyrrhiza* (L.) Schleid.

俗名：紫背浮萍、浮飘草

分类学地位：天南星科紫萍属

关键识别特征：漂浮草本。须根白色，多数，着生于叶状体正中央。叶状体革质，阔卵形，正面绿色，背面紫色。根基附近的一侧囊内形成圆形新芽，萌发后，幼小叶状体渐从囊内浮出，由一细弱的柄与母体相连。肉穗花序有2朵雄花和1朵雌花。

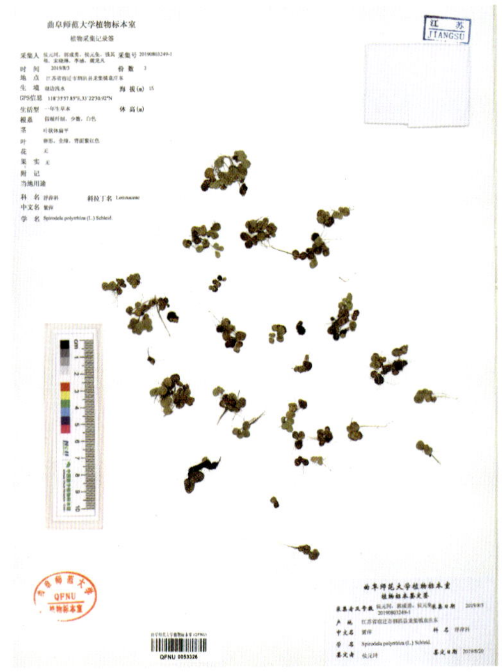

生境与分布：生于湖近岸水面上。卢集镇西周村，龙集镇袁庄村、小丁庄村，洪泽湖湿地国家级自然保护区，老子山镇王桥圩村，官滩镇武小圩村，高良涧街道洪祥村，等等，均有分布。国内分布于南北各省份。

价值与应用：植物体能吸收富集重金属，降解有机物，去除总氮，净化水体，亦作为放养草鱼的饵料，鸭也喜食。

泽泻科 Alismataceae

野慈姑 *Sagittaria trifolia* L.

分类学地位：泽泻科慈姑属

关键识别特征：多年生水生或沼生草本。根状茎横走，粗壮，顶端膨大呈球形或长球形，直径2～3 厘米。挺水叶箭形。花茎直立，粗壮，圆锥花序基部具1或2轮分枝，每分枝具花多轮，每轮具花2或3朵，花单性，萼片3枚，绿色；花瓣3枚，白色；雌花在下，心皮多数，密集呈球状；雄花在上，雄蕊多数，花药黄色。瘦果扁平，倒卵形，具翅，顶端一侧外弯成喙。花果期5—10月。

生境与分布：生于湖边湿地或浅水。龙集镇东嘴村、小丁庄村，临淮镇蚕桑场三组，洪泽湖湿地国家级自然保护区，等等，均有分布。除西藏外，我国各省份水域均有分布。

价值与应用：植物体能吸收富集重金属，降低水体的BOD，去除总氮、总磷；球茎可作为蔬菜食用。

泽泻慈姑 *Sagittaria lancifolia* L.

分类学地位：泽泻科慈姑属

关键识别特征：多年生水生草本，根状茎匍匐，白色。沉水叶条形，丝带状；挺水叶长卵形至披针形，青绿色，叶柄长30～50厘米。花茎高60厘米，直立，挺出水面，总状花序，花单性，轮生，每轮3朵，花梗长2～4厘米，花托膨大为近球形，萼片3枚，绿色，反折；花瓣3枚，倒卵形，白色；雄花在上，雄蕊多数，花药黄色；雌花在下，心皮多数，螺旋状排列。瘦果扁平，顶端具反折的喙。花果期3—11月。

生境与分布：生于湖边浅水、积水湿地。洪泽湖湿地国家级自然保护区有栽培。国内有引种栽培。原产于美洲中部及南美洲北部。该种为江苏省首次记录的引种栽培绿化植物。

价值与应用：沼泽观赏植物，用于湿地绿化。

泽泻 *Alisma plantago-aquatica* L.

分类学地位：泽泻科泽泻属

关键识别特征：多年生草本。根状茎短，近球形。叶多数，具长柄，基生成莲座状，叶片卵形，似车前叶；花茎直立，具多轮分枝，轮生分枝再分枝，组成大型圆锥状复伞形花序；花两性，小型，萼片绿色，3枚，宿存；花瓣白色，3枚；雄蕊6枚；心皮多数，轮生于花托上。果期花托平凸，不呈凹状。瘦果扁平，倒卵形，排列整齐。种子紫红色。花果期5—10月。

生境与分布：多生于湖岸湿地或浅水。卢集镇西周村、洪泽湖湿地国家级自然保护区等有分布。我国北部地区多有分布。

价值与应用：全草入药，主治肾炎水肿、肠炎泄泻等症。

花蔺科 Butomaceae

花蔺 *Butomus umbellatus* L.

俗名：莪蒦［mào sǎo］

分类学地位：花蔺科花蔺属

关键识别特征：多年生草本。根茎粗壮，横生。花茎直立，常丛生。叶基生，线形，三棱状，基部呈鞘状。伞形花序着生于花茎顶端；花两性，外轮花被片3枚，带紫色，宿存；内轮花被片3枚，淡红色；雄蕊9枚，花丝扁平，基部较宽，花药橘红色；雌蕊6枚，柱头纵折状向外弯曲。蓇葖果成熟时沿腹缝开裂，顶端具长喙。种子多数，细小。花果期7—9月。

生境与分布：生于湖边沼泽或湿地。卢集镇高湖村、龙集镇小丁庄村、临淮镇蚕桑场三组、高良涧街道洪祥村等地有分布。我国北部省份广泛分布。

价值与应用：根茎可供食用，可酿酒，还可入药；花艳丽，供观赏。

水鳖科 Hydrocharitaceae

伊乐藻 *Elodea canadensis* Michx.

分类学地位：水鳖科水蕴藻属

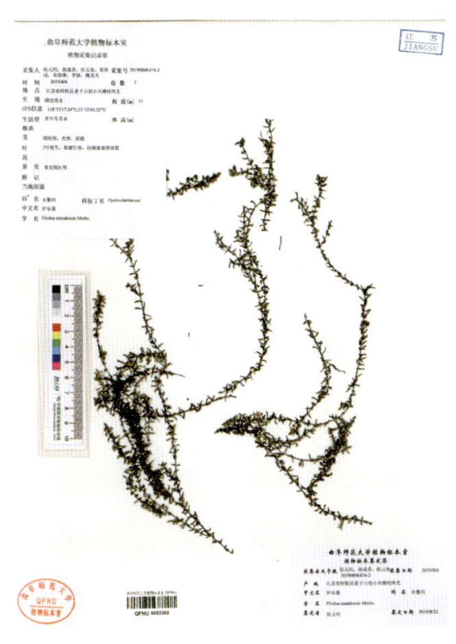

关键识别特征：多年生沉水草本。茎伸长，有分枝，圆柱形，质较脆，休眠芽长卵球形。单叶常3枚轮生，无柄，叶片线形，常下弯，具紫红色或黑色小斑点，背面沿中脉无刺。花序单生，无梗；佛焰苞近球形，绿色，表面具明显纵棱纹，顶端具刺凸；雄花成熟后自佛焰苞内放出，漂浮于水面开花，萼片稍反卷，白色或粉红色，雄蕊花丝纤细，花药线形；雌花未见。7—10月开花。休眠芽繁殖。

生境与分布：生于湖内浅水或静止水域。龙集镇张嘴村、老子山镇小兴滩村、官滩镇武小圩村等地有分布。原产于美洲温带地区。20世纪80年代，经日本引入中国。

价值与应用：植物体可为蟹类提供饵料，同时可去除水体氨氮，净化水域。

○黑藻 *Hydrilla verticillata*（L. f.）Royle

俗名：水王孙

分类学地位：水鳖科黑藻属

关键识别特征：多年生沉水草本。茎伸长，有分枝，圆柱形，质较脆，休眠芽长卵形。单叶4～8枚轮生，线形或长条形，背面沿中脉具刺。苞叶多数，披针形，螺旋状密集着生。花单性，雌雄异株；雄佛焰苞近球形，绿色，顶端具刺凸。果实圆柱形，表面常有刺状突起。种子2～6枚，茶褐色，两端尖。花果期5—10月。休眠芽繁殖。

生境与分布：生于湖内浅水或静止水域。卢集镇高湖村、西周村、新庄嘴村，龙集镇张嘴村，洪泽湖湿地国家级自然保护区，老子山镇小兴滩村，官滩镇武小圩村，等等，均有分布。我国各省份分布广泛。

价值与应用：植物体能够吸收富集重金属，适合于水体绿化，能装饰水族箱等；全草可作为猪饲料、绿肥使用；亦可入药，具利尿祛湿之功效。

○苦草 *Vallisneria natans*(Lour.)H. Hara

俗名：蓼萍草、扁草

分类学地位：水鳖科苦草属

关键识别特征：多年生沉水草本。匍匐茎白色，具越冬块茎。叶基生，叶片带形。花单性，雌雄异株。雄佛焰苞卵状圆锥形，每苞内含200余朵雄花，成熟时浮在水面开放；萼片3枚，2枚较大，呈舟状浮于水上，中间1枚较小，向上伸展似帆；雄蕊1枚，花粉粒白色；雌佛焰苞筒状，梗纤细，随水深而改变，受精后螺旋状卷曲；雌花单生苞内，萼片3枚，绿紫色，花瓣3枚，白色；花柱3枚；退化雄蕊3枚；子房下位。果实圆柱形。花果期9—11月。

生境与分布：生于湖滩浅水中。卢集镇高湖村，龙集镇东嘴村、袁庄村、张嘴村，城头乡朱台子村，洪泽湖湿地国家级自然保护区，官滩镇武小圩村，等等，均有分布。我国除新疆、青海、内蒙古外，其他省份的水域中多有生长。

价值与应用：植物体能够吸收富集重金属，去除总氮、总磷；同时具有药用价值、观赏价值、经济价值等。

○ 水鳖 *Hydrocharis dubia* (Bl.) Backer

俗名：马尿花、苦菜

分类学地位：水鳖科水鳖属

关键识别特征：浮水草本。须根长而粗壮。匍匐茎发达。叶簇生，多漂浮，有时挺出水面；叶片圆心形，背面具蜂窝状贮气组织。雄花序腋生，佛焰苞膜质，透明，长椭圆形，雄花花瓣白色，倒卵形；雄蕊12枚，排成4轮，最内轮3枚退化。雌佛焰苞内生1枚雌花，花大；萼片3枚；花瓣3枚，白色；退化雄蕊6枚，成对并列；花柱6枚，密被腺毛；子房下位。浆果球形至倒卵形。花果期8—10月。

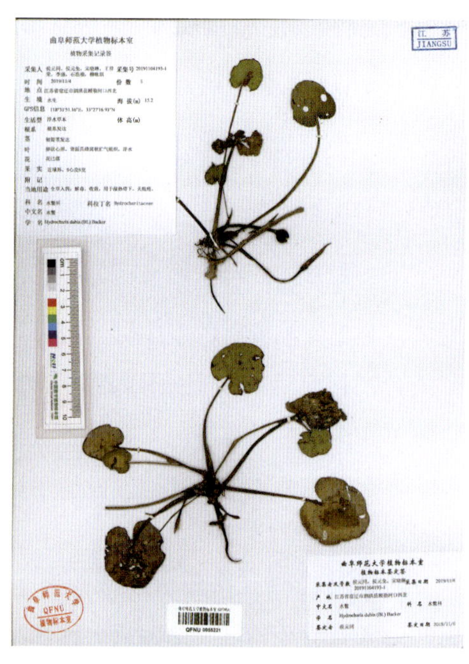

生境与分布：生于湖边浅水。龙集镇东嘴村、袁庄村、小丁庄村，洪泽湖湿地国家级自然保护区，城头乡朱台子村，官滩镇武小圩村，等等，均有分布。国内广泛分布于静水池沼中。

价值与应用：茎叶可作为饲料和绿肥使用，幼嫩时可食用。植物体具有较强的水质净化能力。

茨藻科 Najadaceae

大茨藻 *Najas marina* L.

俗名：茨藻、玻璃藻

分类学地位：茨藻科茨藻属

关键识别特征：一年生沉水草本。茎粗壮，质脆，易从节处折断，基部节上生不定根，二歧分枝，具疏刺。叶近对生或3叶假轮生，叶片条形或披针形，边缘每侧具数枚粗齿，背面中脉上具刺状齿。花单性，雌雄异株。雄花花被管状，具齿，雄蕊花药4室；雌花无花被，雌蕊柱头2或3枚。果实近卵形，柱头宿存。花果期9—11月。

生境与分布：生于近岸湖水。龙集镇张嘴村、官滩镇武小圩村等地有分布。除西藏外，我国各省份均有分布。

价值与应用：植物体能吸收富集重金属及有机污染物，如多氯联苯、亚甲基蓝等，可净化水体，亦可作为饲料和绿肥使用。

○小茨藻 *Najas minor* All.

俗名：鸡羽藻

分类学地位：茨藻科茨藻属

关键识别特征：一年生沉水草本。茎纤细，基部匍匐，易自节处折断，节上生不定根，上部直立，二歧分枝。叶在茎下部近对生，在茎上部3叶假轮生，叶片线形，边缘每侧具数枚细齿。花单性，雌雄同株。雄花具瓶状佛焰苞，花被囊状，雄蕊1枚，花药1室；雌花无佛焰苞和花被，雌蕊花柱细长，柱头2枚。果实长卵形，柱头宿存。花果期6—10月。

生境与分布：生于湖边浅水处。官滩镇武小圩村等地有分布。除青藏地区、陕甘宁等地区外，全国各省份广布。

价值与应用：植物体能去除水体中的总氮，对水体净化具有重要作用。

眼子菜科 Potamogetonaceae

○菹草 *Potamogeton crispus* L.

俗名：虾藻、麦黄草

分类学地位：眼子菜科眼子菜属

关键识别特征：多年生草本。根茎近圆柱形。茎稍扁，细长，沉于水中，多分枝，近基部匍匐，节处生不定根；上部直立于水中。单叶互生，无柄，叶片条形，边缘波浪状，叶脉平行，顶端连接。休眠芽腋生，略似松果状，革质叶左右二列密生，肥厚，坚硬，边缘具有细锯齿。穗状花序顶生，花序梗棒状，较茎细；花小，花被片淡绿色。果实卵形。花果期4—7月。

生境与分布：生于湖边浅水处。卢集镇高湖村、新庄嘴村，龙集镇袁庄村、张嘴村，洪泽湖湿地国家级自然保护区，老子山镇马浪岗村，等等，均有分布。我国各省份广布。

价值与应用：植物体能够吸收富集重金属，去除总氮、总磷及氨氮，可用于绿化水体，净化水质；幼嫩茎叶可食用或为草食性鱼类的天然饵料。

竹叶眼子菜 *Potamogeton wrightii* Morong

俗名：马来眼子菜

分类学地位：眼子菜科眼子菜属

关键识别特征：多年生沉水草本。根状茎发达，白色，节处生有须根。茎圆柱状，细长，沉于水中。单叶互生，叶片条形或条状披针形，边缘皱波状，具长柄。托叶鞘状抱茎。穗状花序伸出于水面上，顶生，具花多轮，密集或稍密集。果实倒卵形，两侧稍扁，背部具明显3脊，中脊狭翅状，侧脊锐。花果期6—10月。

生境与分布：生于湖近岸浅水中。卢集镇高湖村、曾嘴村、西周村、新庄嘴村，龙集镇东嘴村、袁庄村、张嘴村、小丁庄村，老子山镇马浪岗村，太平镇倪庄村，临淮镇蚕桑场三组，洪泽湖湿地国家级自然保护区，等等，均有分布。全国各省份广布。

价值与应用：植物体能够去除水体总氮，可用于净化绿化水体；全草入药，具清热明目之功效。

篦齿眼子菜 *Potamogeton pectinatus* L.

俗名：龙须眼子菜

分类学地位：眼子菜科眼子菜属

关键识别特征：多年生沉水草本，根状茎细长，秋季生有白色卵球形小块根。茎近圆柱形，下部较粗，直径约3毫米，上部呈叉状密分枝。叶线形，先端急尖，全缘；托叶与叶柄合生成鞘，基部抱茎。穗状花序腋生于茎顶，由2～6轮间断的花簇组成；花序梗细弱，长3～12厘米。果实斜阔卵形。花果期5—6月。

生境与分布：生于湖内浅水处。卢集镇高湖村，龙集镇东嘴村、张嘴村、小丁庄村，太平镇倪庄村，临淮镇蚕桑场三组，洪泽湖湿地国家级自然保护区，官滩镇武小圩村，等等，均有分布。我国各省份均有生长。

价值与应用：植物体能够吸收富集重金属，去除石油加工过程产生的污染物；全草入药，具有清热解毒之功效，治疗肺炎、疮疖等病症。

鸢尾科 Iridaceae

○黄花鸢尾 *Iris wilsonii* C. H. Wright

分类学地位：鸢尾科鸢尾属

关键识别特征：多年生草本。植株基部有老叶残留。根茎粗壮。叶基生，灰绿色，宽条形，具3～5条不明显纵脉。花茎中空，具1～2枚茎生叶；苞片3枚，草质，绿色，披针形，内有2朵花；花黄色，外轮花被裂片倒卵形，具紫褐色的条纹及斑点，爪部狭楔形；内轮花被裂片倒披针形，开放时向外倾斜。蒴果椭球形，明显具6条肋，顶端无喙；种子棕褐色，扁平，近半圆形。花期5—6月，果期7—8月。

生境与分布：生于湖边湿地。洪泽湖湿地国家级自然保护区等地有栽培。国内分布于湖北、陕西、甘肃、四川、云南等省份。

价值与应用：根茎入药，治咽喉肿痛；植物体能去除总磷，用于水边湿地绿化。

鸭跖草科 Commelinaceae

○竹节菜 *Commelina diffusa* Burm. f.

俗名：竹节草、节节草

分类学地位：鸭跖草科鸭跖草属

关键识别特征：一年生草本。茎细长匍匐，多分枝，节明显，生不定根。单叶互生，叶鞘闭合，叶片披针形。佛焰苞披针形，对折，基部心形，顶端具尾尖；蝎尾状聚伞花序，基部生1朵具长柄的雄花；两性花花梗粗短，花瓣3枚，近等大，蓝色，小型，具爪；雄蕊3枚退化，2枚可育，1枚半育；蒴果矩圆状三棱形，3室。种子5枚，肾形或半肾形，种皮黑色，具网纹。花果期5—11月。

生境与分布：生于湖滩浅水或湿地。城头乡朱台子村、老子山镇小兴滩村、蒋坝镇头河滩村等地有分布。国内分布于西南、华南等地区。该种为江苏新分布植物。

价值与应用：全草入药，有清热解毒、利尿消肿、止血等功效，内服，可治疗急性咽喉炎、痢疾、疮疖、小便不利等病症；外用，可治疗外伤出血等。

鸭跖草 *Commelina communis* L.

俗名：碧竹子、翠蝴蝶、淡竹叶

分类学地位：鸭跖草科鸭跖草属

关键识别特征：一年生草本。茎细长匍匐，节处生根。单叶互生，叶片卵状披针形；叶鞘筒状抱茎，不开裂。总苞片佛焰苞状，展开为宽心形；内包聚伞花序，下面一枝仅有花1朵，具长8毫米的梗，不孕；上面一枝有花3～4朵，具短梗，几乎不伸出佛焰苞。雌雄同株，花瓣上面2枚蓝色，较大，下面1枚白色，较小；雄蕊6枚，2枚可育，1枚半育，3枚不育。蒴果椭球形。种子棕黄色，一端平截。

生境与分布：生于湖滩、河岸等湿地。蒋坝镇头河滩村，官滩镇东嘴村、武小圩村等地有分布。国内分布于云南、四川，以及甘肃以东的南北各省份。

价值与应用：全草入药，具消肿利尿、清热解毒之功效。

饭包草 *Commelina bengalensis* L.

俗名：火柴头

分类学地位：鸭跖草科鸭跖草属

关键识别特征：多年生草本。茎匍匐，近肉质，节上生不定根。叶片椭圆状卵形，叶柄明显。佛焰苞漏斗状，下部边缘合生；花序下面1枝具长梗，具1～3朵不孕花，伸出佛焰苞，上面1枝有花数朵，结实，不伸出佛焰苞；花瓣蓝色，倒卵形，上面2枚具长爪。蒴果椭球形，3室，腹面2室，每室具两粒种子。种子肾形或半肾形，多皱并有不规则网纹，黑色。花果期6—10月。

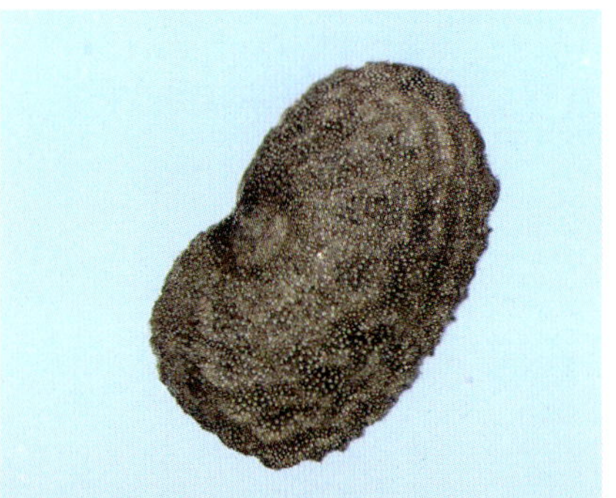

生境与分布：生于湖滩湿地。龙集镇东嘴村、老子山镇王桥圩村、蒋坝镇头河滩村等地有分布。国内分布于华中、华东、华南和西南等地区。

价值与应用：全草入药，具清热解毒、消肿利尿之功效。

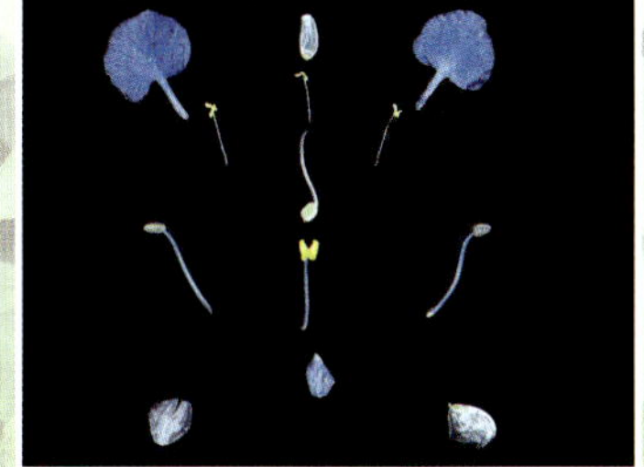

雨久花科 Pontederiaceae

○梭鱼草 *Pontederia cordata* L.

分类学地位：雨久花科梭鱼草属

关键识别特征：多年生草本。基生叶丛生，叶柄圆筒形，绿色，叶片较大，深绿色，表面光滑，叶形多变，多为卵状披针形。花茎直立，通常高出叶。穗状花序顶生，密生多数小花，小花蓝紫色至白色，带黄色斑点，花被裂片6枚，近圆形，裂片基部合生为筒状。果实成熟后褐色，果皮坚硬。种子椭球形。花果期5—10月。

生境与分布：生于湖边湿地、沼泽或浅水中。洪泽湖湿地国家级自然保护区等地有栽培。原产于美洲热带和温带地区。我国广泛引种栽培。

价值与应用：植物体能够吸收富集重金属；栽植于河道两侧、池塘四周、人工湿地，与千屈菜、花叶芦竹、水葱、水竹芋等相间种植，可用于园林绿化。

美人蕉科 Cannaceae

○黄花美人蕉 *Canna indica* L. var. *flava* Roxb.

分类学地位：美人蕉科美人蕉属

关键识别特征：多年生草本，被蜡质白粉。根茎块状。茎丛生。单叶互生，具鞘状叶柄；叶片卵状长圆形，具羽状平行脉。总状花序顶生，花单生或对生；萼片3枚，绿白色；花冠、退化雄蕊杏黄色，唇瓣披针形，弯曲。蒴果长卵形，具软刺。花果期3—12月。

生境与分布：生于湖滩湿地或水塘边。洪泽湖湿地国家级自然保护区等地有栽培。中国多地有引种栽培。原产于印度。

价值与应用：植物体能够吸收富集重金属，去除污水中的总磷；其茎叶能够吸收二氧化硫、氯化氢以及二氧化碳等有害物质，具有净化空气、保护环境的作用；花大色艳、开花多，是绿化、美化、净化环境的良好花卉；根茎入药，具清热利湿、舒筋活络之功效。

竹芋科 Marantaceae

○水竹芋 *Thalia dealbata* L.

俗名：再力花、水莲蕉

分类学地位：竹芋科水竹芋属

关键识别特征：多年生草本，具根状茎。叶卵状披针形，浅灰绿色。花茎细长，顶生复总状花序，开出紫色花朵。花小，萼片紫色；花冠筒短柱状，淡紫色，唇瓣兜形，上部暗紫色，下部淡紫色；侧生退化雄蕊花瓣状，基部白色至淡紫色，先端及边缘暗紫色。蒴果近球形或倒卵形，成熟时顶端开裂。种子成熟时棕褐色，表面粗糙，具假种皮。花果期8—11月。

生境与分布：生于沼泽及湖边湿地。洪泽湖湿地国家级自然保护区、蒋坝镇头河滩村等地有栽培。原产于美国南部和墨西哥热带地区。

价值与应用：植物体能够吸收富集重金属，在水污染处理、湿地生态修复和重建中应用潜力较大，主要用于湿地园林绿化、污水净化等方面。

香蒲科 Typhaceae

狭叶香蒲 *Typha angustifolia* L.

俗名：水烛、蒲草、水蜡烛

分类学地位：香蒲科香蒲属

关键识别特征： 多年生草本。根状茎横走，白色。茎直立，粗壮。叶条形，上部扁平，中部以下近半圆柱形，基部叶鞘抱茎。雌雄同株，雌、雄花序不连续；雄花序在上，基部具叶状苞片1～3枚，花后脱落，雄花具3枚雄蕊；雌花序在下，基部具叶状苞片1枚，花后脱落，雌花具小苞片，可育花子房纺锤形，具纤细子房柄；不育花子房倒圆锥形，白色丝状毛生于子房柄基部。小坚果椭球形，具褐色斑点，纵裂。种子深褐色。花果期6—9月。

生境与分布： 生于湖岸湿地或浅水处。洪泽湖区域各处均有分布。除西藏外，广布于我国各省份的浅水区域。

价值与应用： 植物体能够吸收重金属，降低水体COD，总氮、总磷；花粉入药，即“蒲黄”；叶片用于编织、造纸等；幼叶基部和根状茎先端可作为蔬菜食用；雌花序可作为枕芯和坐垫的填充物；叶片挺拔，花序粗壮，常用于湿地绿化。

○无苞香蒲 *Typha laxmannii* Lepechin

分类学地位：香蒲科香蒲属

关键识别特征： 多年生草本，具根状茎。茎纤细，高0.8～1.3米。叶基生，条形，中部以下半圆柱形，基部鞘状抱茎。雌、雄花序不连续；雄花序在上，基部具1～2枚早落的叶状苞片，雄花具2枚或3枚雄蕊；雌花序在下，基部具1枚早落的叶状苞片，雌花无小苞片，可育花子房披针形，子房柄纤细；不育花子房倒圆锥形，子房柄基部的白色丝状毛近等长于柱头。果实椭球形。种子褐色。花果期6—9月。

生境与分布： 生于湖岸湿地或浅水。洪泽湖湿地国家级自然保护区等地有分布。国内分布于东北、华北、华中等地区。

价值与应用： 花粉，即“蒲黄”，入药；叶片用于编织、造纸等；幼叶基部和根状茎先端可作为蔬菜食用；雌花序作为枕芯和坐垫的填充物；植株用作水生花卉，可供观赏。

灯芯草科 Juncaceae

○灯芯草 *Juncus effusus* L.

俗名：水灯草、灯心草

分类学地位：灯芯草科灯芯草属

关键识别特征：多年生草本，高达90厘米。根状茎粗壮横走，节上生黄褐色须根。秆丛生，直立，圆柱形，其内充满白色髓心。叶为低出叶，叶鞘状或鳞片状，叶片退化为刺芒状。聚伞花序假侧生，具多花，排列紧密或疏散；总苞片圆柱形，似秆的延伸；花淡绿色；花被片线状披针形，黄绿色。蒴果卵形。种子卵状长球形，黄褐色。4—7月开花，6—9月结果。

生境与分布：生于湖边湿地。龙集镇中国渔政第五大队南侧湖边等有分布。国内多见于南方地区以及山东、河南等省份。

价值与应用：植物体能去除污水中总氮、总磷、酚，吸收富集重金属，降低水体的BOD、COD；该植物秆内白色髓心，除供点灯和烛心用外，入药则有利尿、清凉、镇静的作用；韧皮纤维可作为编织和造纸原料。

○扁茎灯芯草 *Juncus gracillimus*（Buch.）V. I. Krecz. et Gontsch.

俗名：细灯芯草

分类学地位：灯芯草科灯芯草属

关键识别特征：多年生草本。根茎粗壮。秆直立，疏松，丛生，通常稍压扁。低出叶缺如至3枚，基生叶1～3枚，叶片线形；秆生叶1或2枚，叶片条形，扁平。花序疏松，分枝多，不等长；总苞片线形，通常长于花序；花具小苞片，花被片披针形至矩圆状披针形，顶端钝圆，外轮较内轮稍长和稍窄，中间绿色，边缘宽，干膜质；雄蕊6枚；子房矩圆形，花柱极短，柱头3枚。蒴果球形至卵形。种子斜卵形。花果期5—8月。

生境与分布：生于湖边湿地。龙集镇中国渔政第五大队南侧湖边等有分布。国内多见于东北、华北、西北、山东及长江流域诸地区。

价值与应用：茎髓入药，具利尿通淋、泄热安神的作用。

莎草科 Cyperaceae

○翼果薹草 *Carex neurocarpa* Maxim.

分类学地位：莎草科薹草属

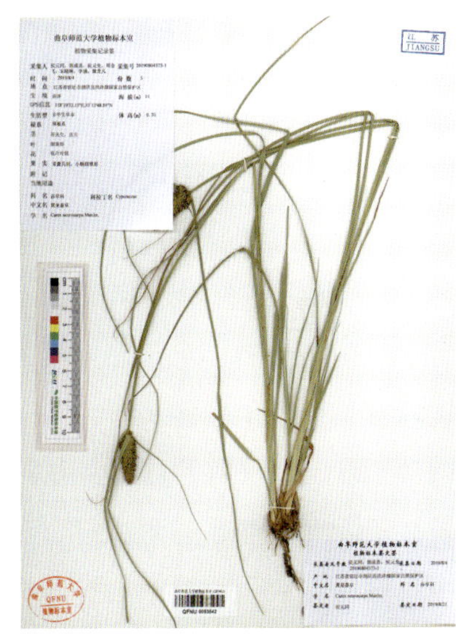

关键识别特征： 多年生草本。根状茎粗短，坚硬。秆近三棱形，丛生。叶片线形，基生，长于或短于秆。穗状花序尖塔状圆柱形，小穗多数，紧密，卵形，雄雌顺序；下部苞片叶状，长于花序，上部的刚毛状；雌花鳞片矩圆状卵形，顶端具芒尖，脉3条；子房卵形，柱头2枚。果囊压扁，卵状椭圆形，长于鳞片，两侧边缘中部以上具宽翅，翅缘有啮蚀状齿，顶端急缩成中等长的喙，喙口具2齿。花果期6—8月。

生境与分布： 生于湖滩及沼泽。洪泽湖湿地国家级自然保护区，老子山镇马浪岗村、张嘴村二组等地有分布。国内分布于东北、华北、华东等地区。

价值与应用： 该种可作为湿地绿化植物，用于湿地生态修复。

二形鳞薹草 *Carex dimorpholepis* Steud.

俗名：垂穗薹草

分类学地位：莎草科薹草属

关键识别特征： 多年生草本。根状茎粗短。秆丛生，锐三棱形，基部为褐色叶鞘所包。叶短于或等于秆，线形。苞片最下部的叶状，长于花序，上部的刚毛状；小穗5～6枚，顶生小穗雌雄顺序，侧生小穗雌性，小穗柄纤细，下垂。雌花鳞片倒卵状长圆形，顶端微凹或平截，具粗糙长芒。中间3脉，绿色，两侧白色，膜质。果囊扁平，卵形，柱头2枚。花果期4—6月。

生境与分布： 生于湖岸湿地及浅水。双沟镇双淮村、老子山镇剪草沟村等地有分布。我国产于辽宁、陕西、甘肃、山东、江苏、安徽、浙江、江西、河南、湖北、广东、四川等省份。

价值与应用： 根系能够净化水体，可用于湿地或浅水绿化。

锥囊薹草 *Carex raddei* Kukenth.

俗名：毛鞘薹草

分类学地位：莎草科薹草属

关键识别特征：多年生草本。根状茎细长而横走。秆疏散，丛生，锐三棱形，基部具红褐色纤维状的叶鞘。叶短于秆，条形，边缘粗糙，稍外卷。花序下部的苞片叶状，稍短于花序，上部的苞片刚毛状；小穗4～6枚，顶端2～3枚为雄小穗，狭披针形；其余为雌小穗，近圆柱状；雄花鳞片披针形；雌花鳞片卵状披针形或披针形。果囊斜展，三棱状长圆状披针形，顶端渐狭成短喙，喙口深裂成两齿。小坚果包于果囊内，三棱状宽卵形，柱头3枚。花果期6—7月。

生境与分布：生于湖岸漫滩湿地。老子山镇剪草沟村、蒋坝镇头河滩村、洪泽湖湿地国家级自然保护区等地有分布。国内产于黑龙江、吉林、辽宁、内蒙古、河北、江苏等省份。

价值与应用：植物体对环境中的氮、磷有较好的净化作用，可用于湿地绿化和水体净化等。

○卵果薹草 *Carex maackii* Maxim.

俗名：翅囊薹草

分类学地位：莎草科薹草属

关键识别特征：多年生草本。根状茎粗短，木质。秆直立，丛生，近三棱形，基部具褐色叶鞘。叶短于秆，条形，边缘具细锯齿。花序基部的苞片刚毛状，其余苞片鳞片状；小穗10～14枚，卵形，雌雄顺序，花密生；穗状花序长圆柱形，先端紧密，下部稍远离。果囊卵状披针形，平凸状，边缘内面具海绵状组织，外面具狭翅，先端渐狭成中等长的喙，喙口2齿裂。小坚果包于果囊中，长圆形或长圆状卵形，微双凸状，淡棕色，花柱基部不膨大，柱头2枚。花果期5—6月。

生境与分布：生于湖岸漫滩湿地。老子山镇剪草沟村等地有分布。国内分布于黑龙江、吉林、辽宁、江苏、安徽、浙江、河南等省份。

价值与应用：植物体对水体中的氮、磷有较好的净化作用，可用于湿地绿化和水体净化过程，有助于湿地及水域生态修复。

异型莎草 *Cyperus difformis* L.

分类学地位：莎草科莎草属

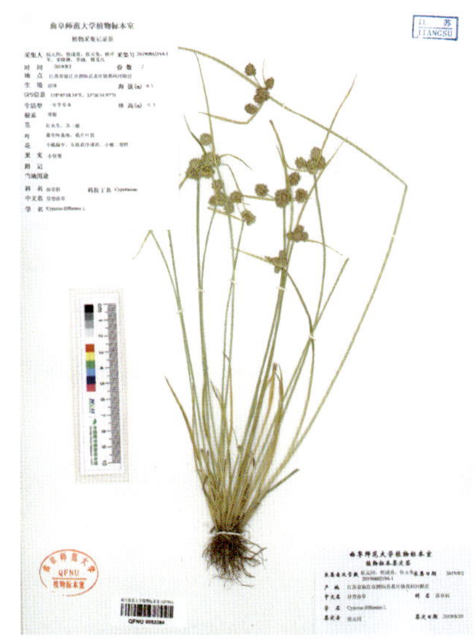

关键识别特征：一年生草本。须根系。秆丛生，扁三棱形。叶短于秆。苞片2～3枚，叶状，长于花序；长侧枝聚伞花序简单，少数复出，具3～9条长短不等的辐射枝；头状花序球形，具极多数小穗；小穗密聚，具8～28朵花；鳞片膜质，近扁圆形，中间淡黄色，两侧深紫红色；雄蕊2枚，花药椭球形；花柱极短，柱头3枚。小坚果倒卵状椭球形，具三棱，与鳞片近等长，淡黄色。花果期7—10月。

生境与分布：生于湖滩、沼泽及湿地。卢集镇高湖村、西周村、新庄嘴村，裴圩镇黄码河入湖口，龙集镇袁庄村，临淮镇蚕桑场三组、蒋坝镇头河滩村等地有分布。国内分布范围广。

价值与应用：全草入药，具行气、活血、通淋、利小便之功效，治疗跌打损伤、吐血等病症。

○旋鳞莎草 *Cyperus michelianus*（L.）Link

分类学地位：莎草科莎草属

关键识别特征：一年生草本。须根系。秆密集丛生，扁三棱形。叶长于或短于秆。苞片3～6枚，叶状，远长于花序；长侧枝聚伞花序呈头状，卵球形，具极多数密集的小穗；小穗卵形或披针形，具10～20朵花；鳞片螺旋状排列，膜质，长圆状披针形，黄白色，中脉龙骨状突起，绿色，延伸出顶端呈短尖状；雄蕊1～2枚，花药长球形；花柱长，柱头2～3枚。小坚果狭长球形，具三棱，明显短于鳞片。花果期6—9月。

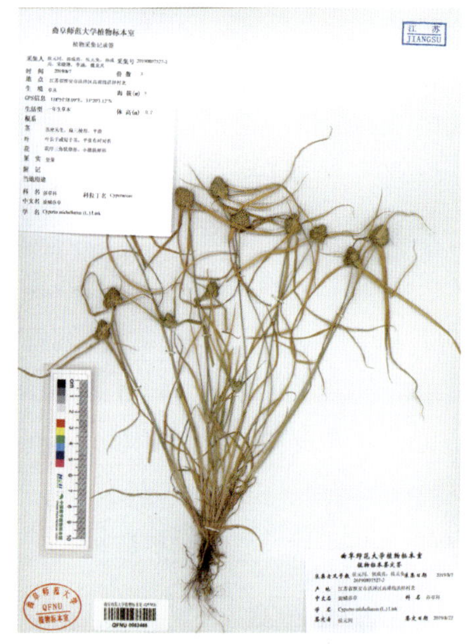

生境与分布：生于湖滩、沼泽及湿地。卢集镇高湖村、新庄嘴村，裴圩镇黄码河入湖口，龙集镇东嘴村、张嘴村、小丁庄村，临淮镇蚕桑场三组，城头乡朱台子村，洪泽湖湿地国家级自然保护区，老子山镇马浪岗村，高良涧街道洪祥村，蒋坝镇头河滩村，等等，均有分布。我国黑龙江、河北、河南、江苏、浙江、安徽、广东等省份有分布。

价值与应用：可作为绿化植物，用于湿地生态修复。

香附子 *Cyperus rotundus* L.

俗名：香附、香头草

分类学地位：莎草科莎草属

关键识别特征：多年生草本。根状茎细长匍匐，具近球形块茎。秆直立，锐三棱形。叶多枚，短于秆。苞片叶状，2～3枚，通常长于花序；长侧枝聚伞花序简单或复出，具3～10条辐射枝；小穗斜展，线形，具8～28朵花；小穗轴具宽翅；鳞片膜质，卵形，中间绿色，两侧紫红色；雄蕊3枚，花药线形，暗血红色；花柱长，柱头3枚，伸出鳞片外。小坚果长圆状倒卵形，具三棱，明显长于鳞片，具细点。花果期5—11月。

生境与分布：生于湖滩及湿地。卢集镇高湖村、西周村，龙集镇东嘴村、张嘴村、小丁庄村，太平镇倪庄村，临淮镇蚕桑场三组、二河村，洪泽湖湿地国家级自然保护区，蒋坝镇头河滩村，等等，均有分布。我国分布于华北、华中、华东、华南及西南等地区。

价值与应用：块茎入药，能健胃，同时可治疗妇科多种病症。

碎米莎草 *Cyperus iria* L.

俗名：三棱草

分类学地位：莎草科莎草属

关键识别特征：一年生草本。须根系。秆丛生，扁三棱形。叶少数，短于秆。苞片叶状，3～5枚，下面2～3枚长于花序；长侧枝聚伞花序常复出，具4～9条长短不等的辐射枝；穗状花序卵形，具5～22枚小穗；小穗斜展，压扁，小穗轴无白色狭边；具6～22朵花；鳞片膜质，倒卵形，背面具龙骨突；雄蕊3枚，花药椭球形；花柱短，柱头3枚。小坚果倒卵形，具三棱，等长于鳞片，褐色，密具细点。花果期6—10月。

生境与分布：生于湖滩、沼泽及湿地。卢集镇新庄嘴村、老子山镇王桥圩村、官滩镇东嘴村、蒋坝镇头河滩村等地有分布。我国各省份均有分布。

价值与应用：可作为绿化植物，用于湿地生态修复。

具芒碎米莎草 *Cyperus microiria* Steud.

俗名：小碎米莎草

分类学地位：莎草科莎草属

关键识别特征：一年生草本。须根系。秆丛生，锐三棱形。叶短于秆。苞片叶状，3～4枚，长于花序；长侧枝聚伞花序复出，具5～7条长短不等的辐射枝；穗状花序具多数小穗；小穗斜展，具8～24朵花；小穗轴具白色狭边；鳞片宽倒卵形，顶端圆，背面绿色，具龙骨突，延伸成短尖；雄蕊3枚，花药长球形；花柱极短，柱头3枚。小坚果倒卵形，具三棱，与鳞片近等长，深褐色。花果期8—10月。

生境与分布：生于湖边湿地。蒋坝镇头河滩村等地有分布。我国各省份均有分布。

价值与应用：可作为绿化植物，用于湿地生态修复。

○高秆莎草 *Cyperus exaltatus* L.

分类学地位：莎草科莎草属

关键识别特征：一年生草本。须根系。秆粗壮，钝三棱形。叶基生，多数，与秆近等长。苞片叶状，3～6枚，下面几枚长于花序；长侧枝聚伞花序复出，具5～10条长短不等的辐射枝；穗状花序具柄，具多数小穗；小穗斜展，扁平，有6～16朵花；小穗轴具狭翅；鳞片卵形，背面具龙骨突，顶端具短尖；雄蕊3枚，花药线形；花柱细长，柱头3枚。小坚果倒卵形，具三棱，明显短于鳞片，光滑。花果期6—8月。

生境与分布：生于湖滩湿地或浅水。卢集镇西周村、龙集镇张嘴村、洪泽湖湿地国家级自然保护区、高良涧街道洪祥村、蒋坝镇头河滩村、官滩镇东嘴村等地有分布。国内分布于广东、江苏、浙江、江西、山东和湖北等省份。

价值与应用：可作为绿化植物，用于湿地生态修复；秆挺拔笔直，可供编织草席、坐垫和草帽等。

头状穗莎草 *Cyperus glomeratus* L.

俗名：三轮草、状元花、球穗莎草

分类学地位：莎草科莎草属

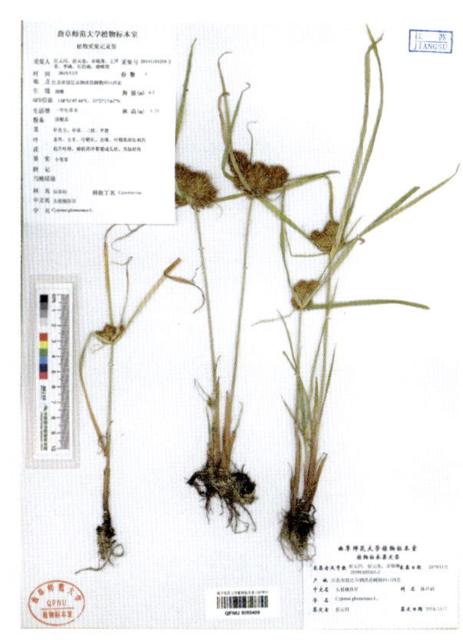

关键识别特征：一年生草本。须根系。秆散生，粗壮，锐三棱形。叶少数，基生，短于秆。苞片叶状，3～4枚，长于花序；长侧枝聚伞花序具3～8条长短不等的辐射枝；穗状花序无总梗，近球形，具多数小穗；小穗线状披针形，稍扁平，具8～16朵花；小穗轴具白翅；鳞片膜质，近长圆形，顶端钝，背面无龙骨突；雄蕊3枚，花药长球形，暗血红色；花柱长，柱头3枚，较短。小坚果三棱状长球形，长为鳞片的1/2，灰色，具明显网纹。花果期6—10月。

生境与分布：生于湖滩湿地或浅水。洪泽湖区域各地均有分布。国内多见于东北、华北等地区。

价值与应用：可作为绿化植物，用于湿地生态修复；全草入药，味辛、微苦，性平，有止咳化痰的功效，治疗慢性支气管炎等病症；茎秆可供造纸；幼嫩茎叶可作饲料。

扁穗莎草 *Cyperus compressus* L.

分类学地位：莎草科莎草属

关键识别特征：一年生草本。须根系。秆纤细，丛生，锐三棱形。叶多数，基生，短于或近等长于秆。苞片叶状，3～5枚，长于花序；长侧枝聚伞花序简单，具2～7条长短不等的辐射枝；穗状花序近头状，具3～10枚小穗；小穗斜展，线状披针形，具8～20朵花；鳞片卵形，顶端具芒，背面具龙骨突；雄蕊3枚，花药线形；花柱长，柱头3枚。小坚果倒卵形，具三棱，长约为鳞片的1/3，深棕色，表面密具细点。花果期7—12月。

生境与分布：生于湖边湿地。蒋坝镇头河滩村等地有分布。我国分布于华东、华中、华南等地区。

价值与应用：可作为绿化植物，用于湿地生态修复；全草入药，用于养心，调经行气。外用于治疗跌打损伤。

褐穗莎草 *Cyperus fuscus* L.

分类学地位：莎草科莎草属

关键识别特征：一年生草本。须根系。秆丛生，细弱，锐三棱形。叶少数，基生，短于或近等长于秆。苞片叶状，2～3枚，长于花序；长侧枝聚伞花序复出或简单，具3～5条长短不等的辐射枝；穗状花序头状，由5~10枚小穗密聚而成，小穗线状披针形，稍扁平，具8～24朵花；小穗轴无翅；鳞片膜质，宽卵形，顶端钝；雄蕊2枚，花药椭球形；花柱短，柱头3枚。小坚果三棱状椭球形，短于鳞片，淡黄色。花果期7—10月。

生境与分布：生于湖边沼泽及湿地。裴圩镇黄码河入湖口等地有分布。国内多分布于黄河流域及以北地区。

价值与应用：可作为绿化植物，用于湿地生态修复；全草入药，具有发散风寒、退热止咳之功效，治疗风寒感冒、高热、咳嗽等。

○白鳞莎草 *Cyperus nipponicus* Franch. et Savat.

分类学地位：莎草科莎草属

关键识别特征：一年生草本。须根系。秆丛生，扁三棱形。叶基生，叶片线形，短于秆；叶状苞片3～5枚，长于花序；长侧枝聚伞花序短缩成头状，偶有辐射枝延长；小穗无柄，扁平；鳞片排成2列；雄蕊2枚；子房平凸形，柱头2枚。小坚果椭球形。花果期8—9月。

生境与分布：生于湖滩、沼泽及湿地。卢集镇高湖村，裴圩镇黄码河入湖口，龙集镇东嘴村、小丁庄村，老子山镇马浪岗村，蒋坝镇头河滩村，临淮镇蚕桑场三组，等等，均有分布。国内分布于江苏、河北、山西等省份。

价值与应用：可作为绿化植物，用于湿地生态修复。

断节莎 *Cyperus odoratus* L.

分类学地位：莎草科莎草属

关键识别特征：一年生草本。根茎短缩，具须根。秆三棱形，丛生。叶条形，短于秆。苞片叶状，6～8枚，通常长于花序；长侧枝聚伞花序复出，具7～12条一级辐射枝，每条辐射枝具多条二级辐射枝；穗状花序具多数小穗；小穗平展或向下反折，线形，曲折，具6～16朵花；小穗轴具关节及宽翅；鳞片卵状椭圆形；雄蕊3枚，花药线形；柱头3枚。小坚果倒卵状长圆形，具三棱，短于鳞片，为小穗轴翅所包，顶端露出于翅外，稍弯。花果期8—10月。

生境与分布：生于湖滩或水边。洪泽湖湿地国家级自然保护区，城头乡朱台子村，老子山镇马浪岗村、小兴滩村，高良涧街道洪祥村，等等，均有分布。国内分布于山东、台湾、浙江。该种为江苏省新分布植物。

价值与应用：湿地栽培，供观赏，亦用于湿地生态修复；全草入药，具有润肠通便、祛风除湿、去瘀止痛、止痒、增强免疫力等功效。

○烟台飘拂草 *Fimbristylis stauntonii* Debeaux et Franch.

俗名：光果飘拂草

分类学地位：莎草科飘拂草属

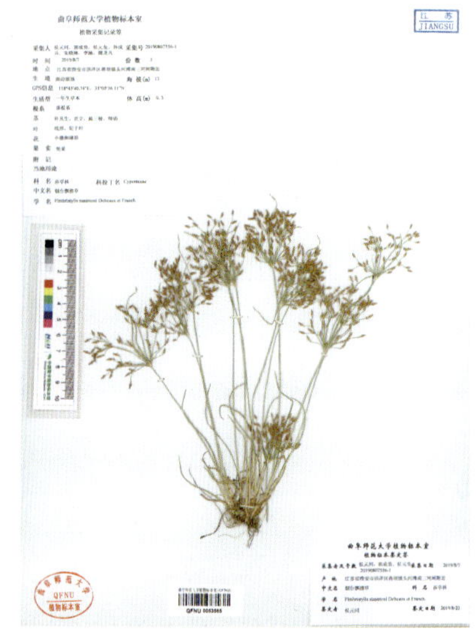

关键识别特征：一年生草本，高4～10厘米。须根系。秆丛生，扁三棱形。叶短于秆，条形，扁平。苞片叶状，2～3枚，短于花序；长侧枝聚伞花序简单或复出；小穗卵球形，单生于辐射枝顶端；鳞片锈色，花多数，雄蕊1枚，雌蕊花柱近圆柱形，无缘毛，柱头2～3枚。小坚果长球形，黄白色，表面具横长圆形网纹。花果期7—10月。

生境与分布：生于湖滩及沼泽。卢集镇高湖村、裴圩镇黄码河入湖口、龙集镇张嘴村、临淮镇蚕桑场三组、老子山镇剪草沟村、高良涧街道洪祥村、蒋坝镇头河滩村等地有分布。国内分布于黑龙江、吉林、辽宁、河北、山东、河南、陕西、湖北、江苏、浙江、安徽等省份。

价值与应用：植株细柔，可作为湿地绿化植物，供观赏；全草入药，具有清热利尿、解毒之功效，治疗小便不利、湿热浮肿、淋痛、小儿胎毒等病症。

复序飘拂草 *Fimbristylis bisumbellata* (Forsk.) Bubani

分类学地位：莎草科飘拂草属

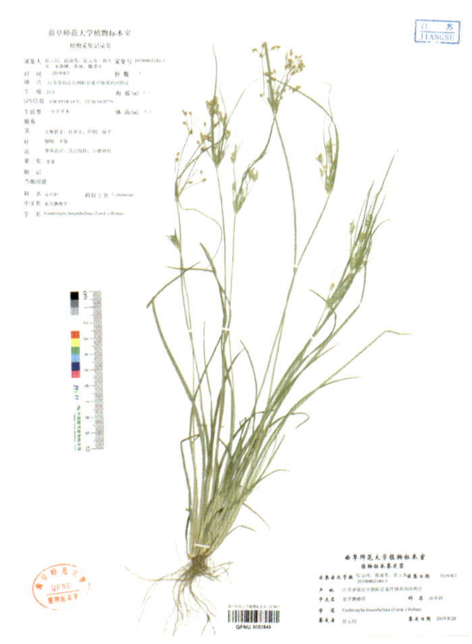

关键识别特征：一年生草本。须根系。秆丛生，扁三棱形。基部少数叶，条形；叶鞘黄绿色，具锈色斑纹。叶状苞片2～5枚，线形；长侧枝聚伞花序复出或多次复出，松散；小穗近卵形，褐色，具棱；鳞片褐色；雄蕊1～2枚；花柱压扁，具缘毛，柱头2枚；小坚果具横生的长圆形网纹。花果期7—9月。

生境与分布：生于湖边沼泽或潮湿地。裴圩镇黄码河入湖口，龙集镇东嘴村、袁庄村，老子山镇马浪岗村，蒋坝镇头河滩村等地有分布。国内分布于华北、华东等地区。

价值与应用：植株细柔，用于湿地绿化，供观赏；全草入药，具有清热利尿、解毒之功效，治疗小便不利、湿热浮肿、淋病、小儿胎毒等病症。

○疣果飘拂草 *Fimbristylis dipsacea* (Rottb.) Benth. var. *verrucifera* (Maxim.) T. Koyama

分类学地位：莎草科飘拂草属

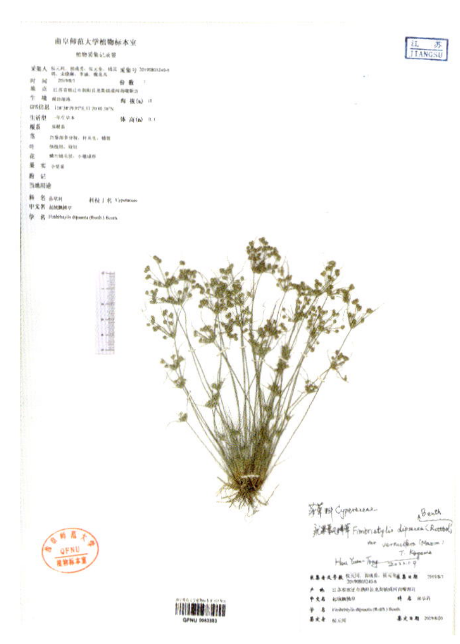

关键识别特征：一年生草本。须根系。秆细，丛生，平卧或斜升。叶比秆短得多，毛发状。叶状苞片毛发状，3～10枚；长侧枝聚伞花序简单或复出；小穗卵球形，单生，少有2枚簇生，具多数花；鳞片长圆状卵形，顶端具短尖；雄蕊1枚；花柱无毛，基部稍肥厚，柱头2枚。小坚果长球形，褐色，两边有4～6枚白色、具柄、球形的乳头状突起。花果期8—11月。

生境与分布：生于沼泽及湖边湿地。龙集镇成河尚嘴村等地有分布。国内分布安徽、黑龙江、湖南、浙江等省份。该种为江苏省新分布植物。

价值与应用：植株细柔，用于湿地绿化，供观赏。

○具刚毛荸荠 *Eleocharis valleculosa* Ohwi f. *setosa* (Ohwi) Kitag

分类学地位：莎草科荸荠属

关键识别特征： 多年生草本。根状茎匍匐。秆单生或丛生，圆柱状，干后略扁，有少数锐肋条。叶缺如，秆基部具1～2枚叶鞘。小穗长球状卵形，通常宽于秆，具多数两性花；小穗基部2枚鳞片中空，无花；其余鳞片有花；鳞片卵形，顶端钝，具1脉；下位刚毛4枚，长于小坚果，略弯曲，具密倒刺；柱头2枚。小坚果双凸状倒卵形；花柱基宽卵形，海绵质。花果期6—8月。

生境与分布： 生于湖边浅水或湿地。卢集镇西周村等地有分布。国内几乎遍布南北各地。

价值与应用： 植株细柔，用于湿地绿化，供观赏。

荸荠 *Eleocharis dulcis* (Burm. f.) Trin. ex Hensch.

分类学地位：莎草科荸荠属

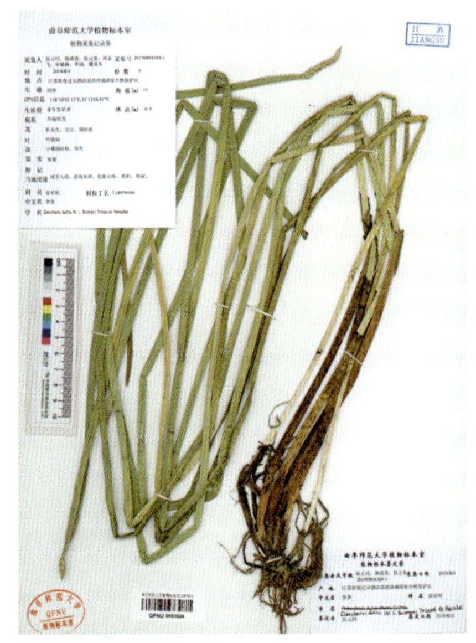

关键识别特征：多年生草本。根状茎纤细，通常顶端具块茎。秆直立，丛生，灰绿色，圆柱形，表面具横隔。叶鞘2～3枚，鞘口偏斜。小穗圆柱形，与秆等宽，具多花。基部1～2枚鳞片不育，抱在小穗基部；可育鳞片宽卵形，近革质。下位刚毛7枚，等长于小坚果，具倒刺。柱头3枚。小坚果三棱状宽倒卵形，顶端环形加粗；宿存花柱基部三角状渐狭。花果期5—10月。

生境与分布：生长在湖边浅水中。卢集镇高湖村、新庄嘴村，洪泽湖湿地国家级自然保护区，城头乡朱台子村，等等，均有分布。全国各地有栽培。

价值与应用：球茎可食，味甘美；亦入药，具有开胃解毒、消宿食、健肠胃之功效。

○牛毛毡 *Eleocharis yokoscensis*（Franch. et Savat.）Tang et Wang

分类学地位：莎草科荸荠属

关键识别特征： 多年生草本。根状茎纤细。秆密集丛生，丝状，如牛毛。叶鞘红色，筒状。小穗淡紫色，卵形，具少花。鳞片最基部的空而无花，矩圆形，抱在小穗轴基部；可育鳞片卵形，膜质。下位刚毛3～4枚，约二倍长于小坚果，具倒刺；柱头3枚。小坚果矩圆形，具3钝棱，具纵脊。宿存花柱基部膨大成锥形。花果期4—9月。

生境与分布： 生于湖滩湿地及沼泽。卢集镇高湖村、官滩镇东嘴村等地有分布。国内分布于华东、华中、华南、西南、华北、东北等地区。

价值与应用： 植株细柔，用于湿地绿化，供观赏；全草入药，有发散风寒、祛痰平喘、除胸腹烦闷之功效。

○三棱水葱 *Schoenoplectus triqueter*（L.）Palla

俗名：藨草

分类学地位：莎草科水葱属

关键识别特征：多年生草本。根状茎匍匐横走。秆散生，粗壮，三棱形，基部具2～3枚叶鞘，最上1枚具叶片。苞片1枚，为秆的延长。长侧枝聚伞花序简单，假侧生，有1～8条辐射枝；辐射枝顶端簇生1～8枚小穗；小穗卵形，生多花；鳞片椭圆状卵形，膜质，黄褐色；下位刚毛3～5枚，近等长于小坚果，有倒刺；雄蕊3枚，花药线形；花柱短，柱头2枚。小坚果平凸状倒卵形，成熟时褐色，具光泽。花果期6—9月。

生境与分布：生于湖滩、沼泽及湿地。卢集镇西周村、新庄嘴，裴圩镇黄码河入湖口，城头乡朱台子村，官滩镇武小圩村，等等，均有分布。除广东、海南外，我国各省份广布。

价值与应用：湿地栽培，供观赏；全草入药，有开胃消食、清热利湿之功效。

水葱 *Schoenoplectus tabernaemontani*（C. C. Gmelin）Palla

分类学地位：莎草科水葱属

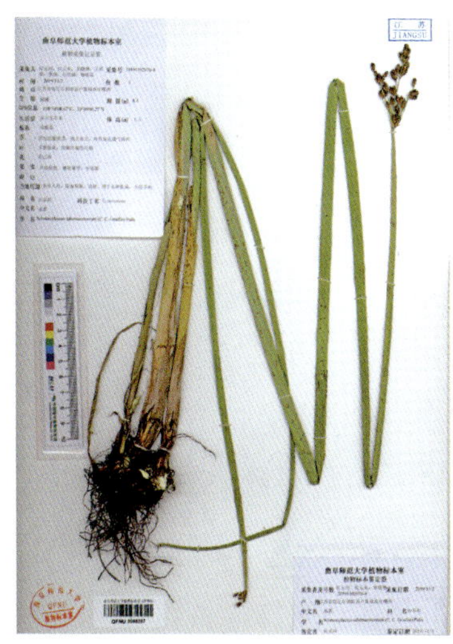

关键识别特征：多年生草本。根状茎粗壮，匍匐生长。秆高大，圆柱状，丛生。基部具多枚叶鞘，最上1枚具叶片。苞片1枚，为秆的延长，钻状，常短于花序；长侧枝聚伞花序简单或复出，假侧生，具4～13条辐射枝；辐射枝顶端单生或簇生2～3枚小穗；小穗具多花，鳞片宽卵形，具1脉；下位刚毛6枚，等长于小坚果，具倒刺；雄蕊3枚，花药线形；花柱较长，柱头常2枚。小坚果双凸状倒卵形。花果期6—9月。

生境与分布：生于湖滩浅水及湿地。卢集镇西周村、新庄嘴村，裴圩镇黄码河入湖口、龙集镇东嘴村、小丁庄村，临淮镇蚕桑场三组，城头乡朱台子村，洪泽湖湿地国家级自然保护区，老子山镇马浪岗村，等等，均有分布。我国多见于东北、华北、西北、西南等地区。

价值与应用：植物体能够吸收富集重金属，降低水体的BOD、COD，净化多元酚，去除氮、磷及有机物；全草入药，具有除湿利尿、消肿之功效，用于治疗水肿胀满、小便不利等病症。

细匍匐茎水葱 *Schoenoplectus lineolatus*（Franch. et Savat.）T. Koyama

俗名：线状匍匐茎藨草

分类学地位：莎草科水葱属

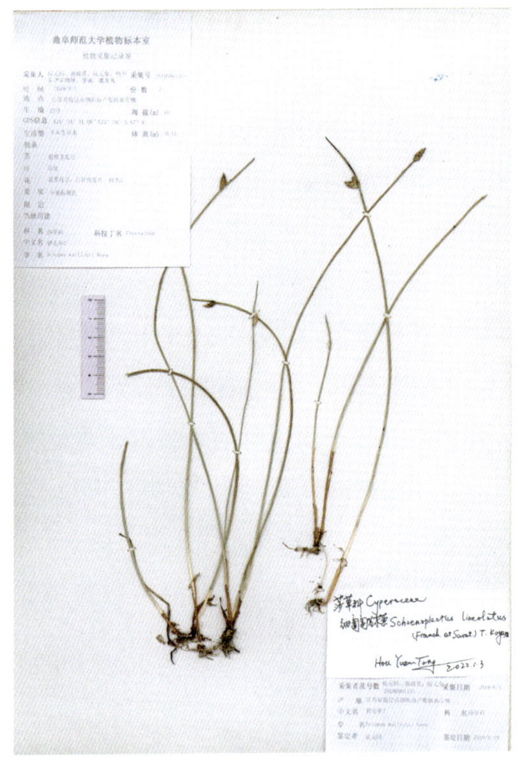

关键识别特征： 多年生草本。根状茎细长而横走。秆圆柱状，散生。基部具1～2枚不具叶片的叶鞘。苞片单一，为秆的延长，长于小穗；小穗单枚，假侧生，长球形，无柄，具10余朵花；鳞片长圆形，膜质，淡黄色；下位刚毛4～5枚，生倒刺，长为小坚果的1倍；雄蕊2～3枚，花药线形；花柱长，柱头2枚。小坚果宽倒卵形，平凸状，黑色，具光泽。花果期7—10月。

生境与分布： 生于湖滩、沼泽及湿地。卢集镇新庄嘴村等地有分布。除广东、海南外，我国各省份广布。该种为江苏省新分布植物。

价值与应用： 用于湿地绿化，供观赏；亦用于湿地生态修复。

○扁秆荆三棱 *Bolboschoenus planiculmis*（F. Schmidt）T. V. Egorova

俗名：扁秆藨草

分类学地位：莎草科三棱草属

关键识别特征：多年生草本。根状茎匍匐，末端具块茎。秆扁三棱形，近花序部分粗糙，基部膨大，具秆生叶。叶条形，扁平，具叶鞘。苞片叶状，1～3枚，长于花序；长侧枝聚伞花序短缩成头状，具1～6枚小穗；小穗卵形，具多花；鳞片膜质，椭圆形，褐色，顶端具芒；下位刚毛4～6枚，生倒刺，短于小坚果；雄蕊3枚，花药线形；花柱长，柱头2枚。小坚果扁倒卵形，两面稍凹或稍凸。花果期5—9月。

生境与分布：生于湖滩沼泽及湿地。卢集镇高湖村、西周村，临淮镇蚕桑场三组，城头乡朱台子村，等等，均有分布。国内分布于东北、华北、西北、华东、西南等地区。

价值与应用：块茎入药，具有祛瘀通经、行气消积之功效；植物体用于湿地或浅水绿化。

○ 红鳞扁莎 *Pycreus sanguinolentus* (Vahl) Nees

分类学地位：莎草科扁莎属

关键识别特征：一年生草本。须根簇生。秆直立，丛生，扁三棱形。叶条形，常短于秆，边缘具细刺，淡绿色，最下部叶鞘稍棕色。苞片叶状，3～4枚，近平展，长于花序；长侧枝聚伞花序简单，具辐射枝，上端具由4～10枚小穗生成的短穗状花序；小穗两侧压扁，鳞片覆瓦状排列；雄蕊3枚，花药线形；柱头2枚。小坚果宽倒卵形，双凸状，成熟时黑褐色。花果期7—12月。

生境与分布：生于湖滩湿地。裴圩镇黄码河入湖口等地有分布。我国多见于除青藏地区外的其他湿润区域。

价值与应用：可作为绿化植物，供观赏；亦可用于湿地生态修复。

球穗扁莎 *Pycreus flavidus* (Retz.) T. Koyama

分类学地位：莎草科扁莎属

关键识别特征：一年生草本。须根暗红色，簇生。秆直立，丛生，钝三棱形。叶条形，短于秆，叶鞘长，下部红褐色。苞片叶状，2～4枚，近平展，长于花序；长侧枝聚伞花序简单，具辐射枝1～6条，每条辐射枝顶端具5～20枚小穗，小穗狭长圆形，扁平，具有12～34朵花；鳞片疏松排列，长卵圆形；雄蕊2枚，花药长球形；柱头2枚。小坚果倒卵形，双凸状，成熟时褐色。花果期6—11月。

生境与分布：生于湖边湿地。卢集镇西周村、龙集镇东嘴村等地有分布。国内分布于东北、华东、华中、华南、西南等地区。

价值与应用：用于湿地绿化，供观赏；亦可用于湿地生态修复。

禾本科 Poaceae

看麦娘 *Alopecurus aequalis* Sobol.

俗名：棒棒草

分类学地位：禾本科看麦娘属

关键识别特征： 一年生草本，高15～45厘米。秆多数，丛生，基部节处常膝曲，平卧至斜升。叶鞘光滑，常短于节间；叶舌膜质；叶片条形，扁平，两面粗糙。圆锥花序近圆柱状，灰绿色；小穗卵状长圆形；颖片膜质，具3脉，脊上具细纤毛；外稃先端钝，等于或稍长于颖片；花药橙黄色。颖果卵形。花果期4—8月。

生境与分布： 生于湖边湿地。蒋坝镇头河滩村、卢集镇新庄嘴村、半城镇团结河入湖口、老子山镇剪草沟村等地有分布。我国产于南北大部分地区。

价值与应用： 饲料植物；全草入药，味淡，性凉，具有利水消肿、解毒之功效，治水肿、水痘、小儿腹泻、消化不良等病症。

○ 日本看麦娘 *Alopecurus japonicus* Steud.

分类学地位：禾本科看麦娘属

关键识别特征： 一年生草本，高20～50厘米。秆多数，丛生，直立或基部膝曲。叶鞘疏松抱茎，其内常有分枝。叶片条形，扁平，柔软，绿色。圆锥花序近圆柱状，黄绿色；小穗长圆状卵形，颖片草质，具3脉，脊上具纤毛；外稃厚膜质，稍长于颖片，具长芒；花药白色。颖果半椭球形。花果期2—5月。

生境与分布： 生于湖边湿地。临淮镇二河村等地有分布。国内分布于广东、浙江、江苏、湖北、陕西等省份。

价值与应用： 幼嫩茎叶可作饲料；全草入药，有利湿消肿、清热解毒的功效。

○荩草 *Arthraxon hispidus* (Thunb.) Makino

俗名：匿芒荩草

分类学地位：禾本科荩草属

关键识别特征：一年生草本，高30～60厘米。秆细弱，倾斜，分枝，多节，基部节着地生根。叶鞘上具短硬疣基毛；叶片卵状披针形，基部心形，抱秆。穗状花序细弱，指状着生于秆顶，穗轴节间无毛，有柄小穗退化成短柄，无柄小穗灰绿色或紫色，第一颖边缘具疣基毛，第二外稃膜质，具1枚膝曲的长芒；雄蕊2枚。颖果长球形。花果期8—11月。

生境与分布：生于湖边湿地。洪泽湖湿地国家级自然保护区、老子山镇剪草沟村、蒋坝镇头河滩村等地有分布。全国南北各地广布。

价值与应用：全草入药，用于治疗久咳、上气喘逆、惊悸、恶疮疥癣等病症。

芦竹 *Arundo donax* L.

分类学地位：禾本科芦竹属

关键识别特征：多年生草本，高2～6米。根状茎发达。秆直立、粗大、坚韧，多节，上部节多分枝（枝的形态与秆显著不同）。叶片扁平，带状，基部软骨质，篾黄色，略呈波状抱茎；叶舌平截，先端具短纤毛。圆锥花序大型，长30～60厘米，分枝稠密，直立；小穗有2～4朵小花；雄蕊3枚。颖果黑色，细小。花果期9—12月。

生境与分布：生于湖岸沙质湿地。洪泽湖区域有栽培。卢集镇高湖村、新庄嘴村，龙集镇东嘴村、张嘴村，洪泽湖湿地国家级自然保护区，老子山镇剪草沟村，高良涧街道洪祥村，蒋坝镇头河滩村，等等，均有分布。我国分布于南方地区。

价值与应用：秆叶编织各种日用品；秆茎可做菜架杆和篱笆等，亦可造纸、纤维等；根状茎及嫩笋芽入药，味苦、甘，性寒，具有清热泻火之功效，主治热病烦渴、风火牙痛、小便不利等病症。

○花叶芦竹 *Arundo donax* L. var. *versicolor*(Mill.)Kunth

俗名：玉带草、变叶芦竹

分类学地位：禾本科芦竹属

关键识别特征：形态特征同芦竹，二者区别在于花叶芦竹的叶片伸长，叶面上具有黄色或白色宽窄不等的纵条纹。

生境与分布：生于湖岸漫滩湿地。洪泽湖区域有栽培。蒋坝镇头河滩村等地有分布。中国在广东、海南、广西、贵州、云南、台湾等南方省份多有种植。

价值与应用：常引种作观叶植物，用于湿地绿化；对污水中的重金属元素的综合富集能力较强，可净化重金属污水，用于湿地生态修复。

鸭茅 *Dactylis glomerata* L.

俗名：鸭脚草

分类学地位：禾本科鸭茅属

关键识别特征：多年生草本，高40～120厘米。秆直立或基部膝曲，单生或丛生。叶鞘无毛，通常闭合达中部以上；叶舌薄膜质，顶端撕裂；叶片扁平，条形，边缘或背部中脉均粗糙。圆锥花序开展，分枝单生或基部者稀孪生，平展或斜升；小穗多聚集于分枝上部，绿色或稍带紫色。花果期5—8月。

生境与分布：生于鱼塘堤岸湿地。老子山镇小兴滩村等地有分布。中国分布于西南、西北诸地区。在河北、河南、山东、江苏等地有栽培或因引种而逸为野生。

价值与应用：可作为牧草使用，适于抽穗前收割，花后质量降低。

○野燕麦 *Avena fatua* L.

俗名：燕麦草

分类学地位：禾本科燕麦属

关键识别特征：一年生草本，高60～120厘米。秆直立，光滑，丛生，具2～4节。叶鞘松弛，光滑；叶扁平，条形；叶舌透明膜质。圆锥花序开展，分枝细长，有棱，较稀疏；小穗长圆形，下垂，具2～3朵小花，稀疏，颖片草质，具9脉，外、内颖近等长，呈叉开的燕尾状；外稃坚硬，基盘密生短髭毛，中部稍下生膝曲而扭转的长芒。颖果被黄褐色柔毛。花果期4—9月。

生境与分布：生于湖边湿地。卢集镇新庄嘴村，老子山镇小兴滩村、王桥圩村等地有分布。全国广布。

价值与应用：常为小麦田间杂草，可作为饲料和粮食替代物；全草入药，味甘，性温，无毒，治疗自汗、盗汗、虚汗不止、吐血、崩漏等病症。

雀麦 *Bromus japonicus* Thunb. ex Murr.

分类学地位：禾本科雀麦属

关键识别特征：一年生或二年生草本，高30～100厘米。秆直立，丛生。叶鞘紧抱秆，外具柔毛；叶扁平，条形，两面被柔毛；叶舌顶端近圆形，具不规则齿裂。圆锥花序疏展，下垂，分枝细；小穗幼时圆筒形，成熟后压扁，含7～14朵小花；第一颖片具3~5脉，外稃顶端具芒，内稃两脊疏生细纤毛。花果期5—7月。

生境与分布：生于湖边湿地。龙集镇小丁庄村、太平镇倪庄村、老子山镇王桥圩村等地有分布。我国除西南地区外，全国广布。

价值与应用：种子可食用或作饲料；全株可作牧草；全草入药、味甘，性平，无毒，具有止汗、催产之攻效，主治汗出不止、难产等症。

○菵草 *Beckmannia syzigachne*(Steud.)Fern.

俗名：菵米、水稗子

分类学地位：禾本科菵草属

关键识别特征：一年生草本，高15～90厘米。秆直立，丛生，具2～4节。叶鞘长于节间；叶片扁平，条形，粗糙；叶舌膜质，透明。圆锥花序顶生，长10～30厘米，分枝稀疏，直立或斜升；小穗排列紧密，扁平，圆形，灰绿色，常具1朵小花，花药黄色。颖果长球形，黄褐色，先端丛生短毛。花果期4—9月。

生境与分布：生于湖边浅水或湿地。龙集镇张嘴村等地有分布。国内分布于南北各地。

价值与应用：植株幼嫩时可作饲料；果实可作精料，亦可食用。

○蒲苇 *Cortaderia selloana* (Schult.) Aschers. et Graebn.

分类学地位：禾本科蒲苇属

关键识别特征： 多年生草本，高2～3米。秆丛生，直立，粗壮。叶簇生于秆基部；叶片质硬，条形，边缘具锯齿状粗糙；叶舌为一圈密生柔毛。圆锥花序顶生，大而稠密，银白色至粉红色。雌雄异株，雄花序狭金字塔形；雌花序较宽大；小穗具2～3朵小花，雌小穗具丝状柔毛，雄小穗无毛；颖质薄，细长，白色；外稃顶端延伸成长芒。花果期7—11月。

生境与分布： 生于湖边浅水、沼泽或湿地。洪泽湖湿地国家级自然保护区、蒋坝镇头河滩村等地有栽培。原产于巴西、智利、阿根廷。我国多地公园引种栽培。

价值与应用： 具有优良的生态适应性和观赏价值，用于湿地绿化和生态修复。

狗牙根 *Cynodon dactylon* (L.) Pers.

俗名：绊根草、爬根草

分类学地位：禾本科狗牙根属

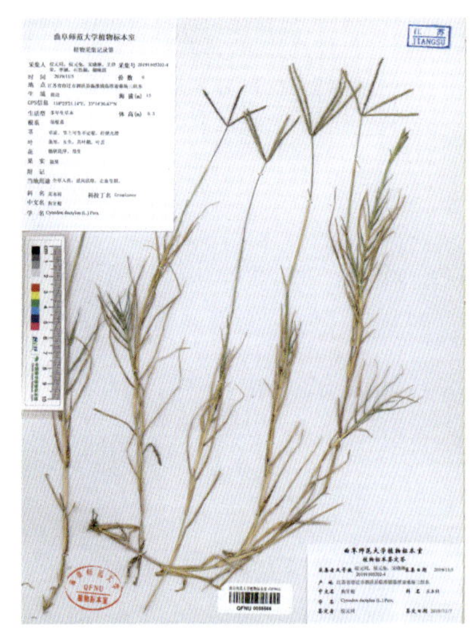

关键识别特征： 多年生草本，高10～30厘米。匍匐茎细长，横走，节处生不定根；秆自节上生出，直立或斜升。叶互生，叶片条形，近基部因节间短缩而呈近对生状。穗状花序3～5枚，指状着生于秆顶；小穗灰绿色或带紫色，一般有1朵小花；颖片具膜质边缘，具1脉；外稃草质，具3脉；内稃具2脉；花药黄色或紫色；柱头紫红色。颖果长圆柱形。花果期5—10月。

生境与分布： 生于湖边浅水或湿地。洪泽湖区域多有分布。我国广布于黄河以南各省份。

价值与应用： 匍匐茎发达，蔓延力强，铺满地面，可固堤保土；全草入药，具清血、解热、生肌之功效。

双稃草 *Leptochloa fusca* (L.) Kunth

分类学地位：禾本科千金子属

关键识别特征：多年生草本，高20～90厘米。秆直立或膝曲上升，下部节上生根。叶鞘无毛；叶舌膜质，透明；叶片条形，常内卷，微粗糙。圆锥花序开展，穗状花序3～28枚，上升或开展；小穗圆柱形，2行覆瓦状排列于穗轴一侧；穗轴互生。颖果椭球形至长球形。花果期6—9月。

生境与分布：生于湖滩、沼泽及湿地。卢集镇高湖村、西周村，裴圩镇黄码河入湖口，龙集镇东嘴村、张嘴村、小丁庄村，太平镇倪庄村，临淮镇蚕桑场三组，洪泽湖湿地国家级自然保护区，老子山镇马浪岗村，官滩镇武小圩村，高良涧街道洪祥村，蒋坝镇头河滩村，等等，均有分布。国内分布于东北、华北、华中、华东等地区。

价值与应用：植株可作为家畜饲料使用。

长芒稗 *Echinochloa caudata* Roshev.

分类学地位：禾本科稗属

关键识别特征： 一年生草本，高1～2米。秆直立，丛生，基部膝曲上升，节上生不定根。叶鞘具疣基毛；叶舌缺如；叶片扁平，条形，略粗糙。圆锥花序稍下垂，主轴粗糙，具棱，疏被疣基毛；小穗略带紫色，卵球形，具1～2朵小花，颖片脉上具硬刺毛；第一外稃草质，先端具3～5厘米的长芒。花果期6—10月。

生境与分布： 生于湖滩浅水或湿地。卢集镇高湖村、西周村、新庄嘴村，裴圩镇黄码河入湖口，龙集镇小丁庄村，临淮镇蚕桑场三组、二河村，城头乡朱台子村、洪泽湖湿地国家级自然保护区，老子山镇马浪岗村、王桥圩村，高良涧街道洪祥村，等等，均有分布。国内分布于西北、北方地区，及南方地区的部分省份。

价值与应用： 根和幼苗入药，具有止血功效，治疗创伤出血不止；嫩株可作饲料；谷粒供食用和酿酒。

稗 *Echinochloa crusgalli*（L.）Beauv.

俗名：稗草、稗子

分类学地位：禾本科稗属

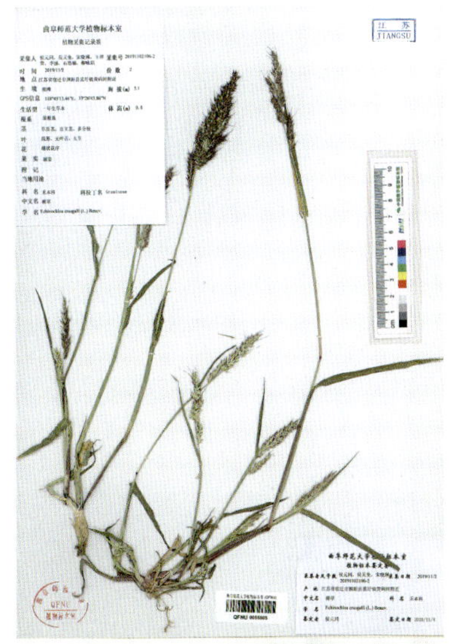

关键识别特征： 一年生草本，高50～130厘米。秆直立，丛生，基部倾斜或膝曲上升，无毛。叶鞘松弛抱秆；叶舌缺如；叶片扁平，条形，光滑。圆锥花序主轴粗壮、粗糙且具棱，分枝和小枝具硬刺疣基毛；小穗绿色，卵形；颖片具5脉，具硬刺毛；外稃革质，具7脉；柱头紫红色。颖果长卵形。花果期6—10月。

生境与分布： 生于湖滩沼泽及湿地。洪泽湖区域各地多有分布。国内几乎遍布南北各省份。

价值与应用： 种子入药，用于治疗麻疹、水痘、百日咳等病症。

○小旱稗 *Echinochloa crusgalli* (L.) Beauv. var. *austro-japonensis* Ohwi

分类学地位：禾本科稗属

关键识别特征：形态特征同稗，二者区别在于小旱稗秆低矮，高20～40厘米。叶片内卷。圆锥花序狭窄细弱，分枝短、直立，紧贴序轴；小穗卵状椭圆形，常带紫色，沿脉具糙硬毛，下部的外稃无芒或具短芒。

生境与分布：生于湖滩湿地。卢集镇高湖村、新庄嘴村，裴圩镇黄码河入湖口，龙集镇东嘴村、张嘴村，临淮镇二河村，官滩镇武小圩村，等等，均有分布。我国多分布于南方地区。

价值与应用：全草可作绿肥及饲料，也可入药，具有凉血止血的功效；秆、叶纤维可作造纸原料；种子磨粉可代粮、酿酒和制麦芽糖用。

无芒稗 *Echinochloa crusgalli* (L.) Beauv. var. *mitis* (Pursh) Peterm.

分类学地位：禾本科稗属

关键识别特征：形态特征同稗，二者区别在于无芒稗秆粗壮，高50～120厘米，直立。圆锥花序分枝上升或开展，常再分枝，挺直、僵硬；小穗卵状椭圆形，无芒或芒短于5毫米。花果期6—10月。

生境与分布：生于沼泽、湖岸或湿地。高良涧街道洪祥村、城头乡九分场等地有分布。国内分布于东北、华北、西北、华东、西南及华南等地区。

价值与应用：全草可作绿肥及饲料，也可入药，具有凉血止血的功效；秆、叶纤维可作造纸原料；种子磨粉可代粮、酿酒和制麦芽糖用。

○西来稗 *Echinochloa crusgalli*（L.）Beauv. var. *zelayensis*（H. B. K.）Hitchc.

俗名：稃草

分类学地位：禾本科稗属

关键识别特征： 形态特征同稗，二者区别在于西来稗高50～75厘米；花序枝不具小分枝；小穗卵状椭圆形，沿脉具糙硬毛，但无疣基毛；下部的外稃常无芒。花果期6—10月。

生境与分布： 生于湖滩湿地或浅水。卢集镇高湖村、城头乡朱台子村、老子山镇马浪岗村、官滩镇武小圩村东等地有分布。国内分布于华北、华东、西北、华南及西南各地区。

价值与应用： 全草可作绿肥及饲料，也可入药，具有凉血止血的功效；秆、叶纤维可作造纸原料；种子磨粉可代粮、酿酒和制麦芽糖用。

牛鞭草 *Hemarthria altissima* (Poir.) Stapf et C. E. Hubb.

俗名：扁穗牛鞭草、脱节草

分类学地位：禾本科牛鞭草属

关键识别特征：多年生草本，高达1米。根状茎细长而横走。秆直立，一侧具槽。叶鞘边缘膜质，鞘口具纤毛；叶舌膜质，白色，先端撕裂；叶片线形。穗状花序单生或簇生，细长圆柱状；小穗孪生，1枚无柄，1枚具柄，同型，具1朵小花，均可发育；无柄小穗镶嵌于穗轴凹穴内。花果期6—10月。

生境与分布：生于湖边湿地。卢集镇高湖村、新庄嘴村，蒋坝镇头河滩村，等等，均有分布。国内分布于东北、华北、华中、华南、西南各地区。

价值与应用：幼嫩秆叶可作饲料；根状茎发达，固土保水性能好，常用作护堤、护坡、护岸的草皮植物。

白茅 *Imperata cylindrica*（L.）Beauv.

俗名：大白茅、茅根

分类学地位：禾本科白茅属

关键识别特征：多年生草本，高25～80厘米。根状茎长而粗壮，咀嚼时有甜味。秆直立，具1～3节，节上具长柔毛。叶鞘生于秆基部，老时破裂为纤维状；叶舌膜质，鞘口具柔毛；叶片长条形，质厚，内卷。圆锥花序近圆柱形，分枝短缩密集，小穗基盘具白色柔软长丝毛；雄蕊2枚，花药黄色；柱头羽毛状，紫黑色。颖果椭球形。花果期5—9月。

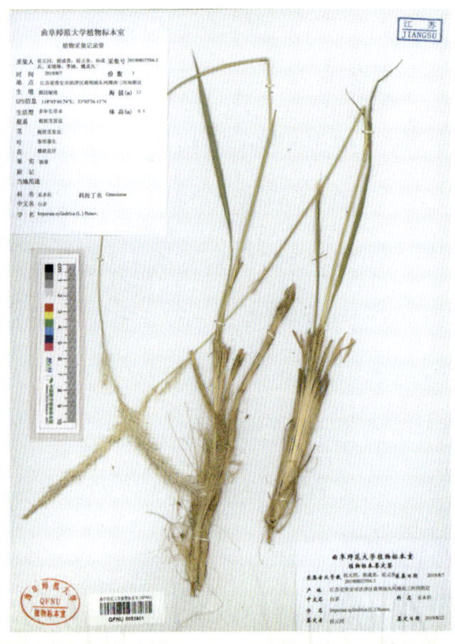

生境与分布：生于湖边湿地。卢集镇高湖村、西周村、新庄嘴村，裴圩镇黄码河入湖口，临淮镇蚕桑场三组，龙集镇袁庄、东嘴村，洪泽湖湿地国家级自然保护区，官滩镇武小圩村、东嘴村，蒋坝镇头河滩村，等等，均有分布。国内分布于东北、华北、华东、新疆等地区。

价值与应用：根状茎入药，具有利尿解毒、止血生津之功效。

假稻 *Leersia japonica*（Makino）Honda

分类学地位：禾本科假稻属

关键识别特征：多年生草本，高达80厘米。秆下部伏卧而上部斜升或直立，节处生多数须根，并密生倒毛。叶片条形，粗糙；叶鞘通常短于节间；叶舌先端平截。圆锥花序分枝光滑，具角棱，直立或斜升，稀疏排列；小穗草绿色或紫色；外稃具5脉，脊具刺毛，内稃具3脉，中脉亦具刺毛；雄蕊6枚，花药淡黄色。花果期5—10月。

生境与分布：生于池塘、水田、溪沟、湖旁湿地。高良涧街道洪祥村等地有分布。国内分布于华北、华东、华中、华南等地区。

价值与应用：幼嫩茎叶可作饲料；对污染水体具有一定的净化作用。

○ 糠稷 *Panicum bisulcatum* Thunb.

分类学地位：禾本科黍属

关键识别特征： 一年生草本，高0.5～1米。秆纤细，坚硬，直立或基部膝曲外倾，节上生根，具10余节。叶鞘松弛；叶舌膜质，先端具纤毛；叶片狭披针形。圆锥花序大而开展，分枝纤细，斜向外开展或水平直伸；小穗具细柄，熟时紫黑色。花果期9—11月。

生境与分布： 生于湖滩湿地。卢集镇新庄嘴村，龙集镇东嘴村、小丁庄村，城头乡朱台子村，洪泽湖湿地国家级自然保护区，老子山镇马浪岗村、剪草沟村、小兴滩村、王桥圩村、东嘴村，官滩镇武小圩村，高良涧街道洪祥村，蒋坝镇头河滩村，等等，均有分布。国内分布于东南部、南部、西南部和东北部等地区。

价值与应用： 全草入药，具有安中利胃益脾、凉血解暑、益气、补不足的功效，可治疗热毒。

鬼蜡烛 *Phleum paniculatum* Huds.

俗名：假看麦娘、蜡烛草

分类学地位：禾本科梯牧草属

关键识别特征：一年生草本，高3～45厘米。秆细瘦，直立，丛生，基部常膝曲。叶鞘短于节间，紧密或松弛；叶舌膜质；叶片扁平，先端尖。圆锥花序紧密，呈细圆柱形，成熟后草黄色；小穗楔形或倒卵形；颖具3脉，脉间具深沟，脊上无毛或具硬纤毛。花果期5—8月。

生境与分布：生于湖岸鱼塘及滩涂湿地。中扬镇水产养殖协会附近、龙集镇张嘴村等地有分布。我国分布于长江流域和山西、陕西、甘肃等省份。

价值与应用：可作为低洼地观赏地被植物；全草入药，晒干或鲜用，用于治疗百日咳、跌打损伤、狗咬伤等病症。

双穗雀稗 *Paspalum paspaloides*（Michx.）Scribn.

分类学地位：禾本科雀稗属

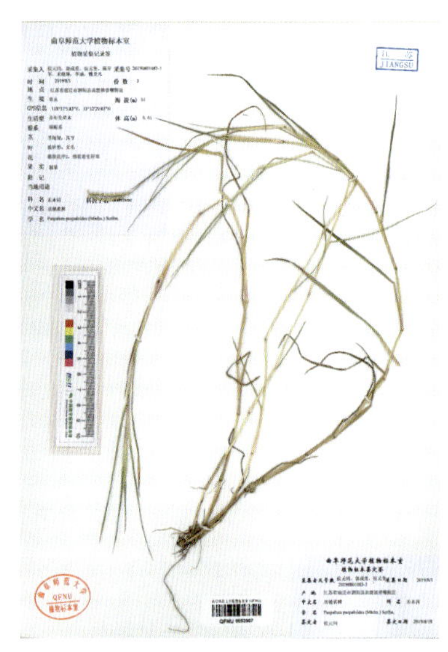

关键识别特征： 多年生草本，高20～50厘米。秆粗壮，横卧地面，节上易生根，直立部分节上生柔毛；叶鞘短于节间，边缘具纤毛；叶片披针形，无毛。穗状花序2枚，稀3枚，生于秆顶；小穗倒卵形，在穗轴上排为两列；第一颖片退化，第二颖片与第一外稃等长；花药紫黑色；柱头羽毛状，紫黑色。花果期5—9月。

生境与分布： 生于湖滩沼泽及湿地。卢集镇高湖村、西周村、新庄嘴村，裴圩镇黄码河入湖口，龙集镇张嘴村、小丁庄村，太平镇倪庄村，老子山镇马浪岗村、王桥圩村、东嘴村，官滩镇武小圩村，高良涧街道洪祥村，蒋坝镇头河滩村，等等，均有分布。我国分布于南方各省份。

价值与应用： 幼嫩茎叶可作牧草；匍匐茎发达，用作保土植物。

○雀稗 *Paspalum thunbergii* Kunth ex Steud.

分类学地位：禾本科雀稗属

关键识别特征：多年生草本，高25～80厘米。秆直立，丛生，基部膝曲外倾，具2～3节，节被长柔毛。叶鞘松弛，长于节间，具脊；叶片细条形，两面密生柔毛；叶舌膜质。穗状花序3～6枚，互生于主轴上，形成总状圆锥花序；小穗绿色或带紫色，长圆状倒卵形，同行的小穗彼此略分离。花果期6—10月。

生境与分布：生于湖滩湿地。洪泽湖湿地国家级自然保护区等地有分布。国内分布于南方多省份。

价值与应用：幼嫩茎叶是优等牧草，牛、羊均喜食。

○狼尾草 *Pennisetum alopecuroides*（L.）Spreng.

俗名：莨（lì）草、狗尾巴草

分类学地位：禾本科狼尾草属

关键识别特征：多年生草本，高30～120厘米。秆直立，丛生。叶鞘两侧压扁，基部彼此交合；叶片线形，先端渐尖；叶舌具纤毛。圆锥花序近圆柱状，直立，主轴较硬，密生柔毛，刚毛淡绿色或带紫色；小穗线状披针形，单生，稀双生，成熟后紫黑色；雄蕊3枚，花药顶端无毛。颖果长球形。花果期8—10月。

生境与分布：生于湖边湿地。卢集镇新庄嘴村、洪泽湖湿地国家级自然保护区、蒋坝镇头河滩村等地有分布。我国各省份广布。

价值与应用：全草入药，具有明目、散血之功效；根入药，具有清肺止咳、解毒之功效。亦可用于防风固沙或用作渔业、畜牧业饲料。

芦苇 *Phragmites australis* (Cav.) Trin. ex Steud.

俗名：芦、苇子、蒹葭

分类学地位：禾本科芦苇属

关键识别特征： 多年生草本，高1～3米。根状茎发达，横走，节上生不定根。秆直立，丛生，具20余节。叶鞘下部者短于上部者，长于其节间；叶舌平截，先端密生短纤毛，易脱落；叶片长披针形，无毛，顶端渐尖成丝状。圆锥花序大型，分枝多数；小穗基盘两侧生丝状柔毛；内稃两脊粗糙；花药黄色。颖果长约1.5毫米。花果期7—11月。

生境与分布： 生湖边浅水或湿地。洪泽湖区域各地多有分布。国内分布于南北各地。

价值与应用： 植物体可吸收富集重金属，去除悬浮物、氯化物、有机氮、磷，能净化水体，可抑制蓝藻生长；根状茎发达，四处蔓延，可固堤岸；茎秆纤维发达，是编织草席的原料；幼嫩茎、叶为牲畜的饲料；根状茎入药，具有生津止呕、清热解毒之功效，治疗热病烦渴、胃热呕吐、肺热咳嗽、肺痈吐脓、热淋涩痛等病症。

○棒头草 *Polypogon fugax* Nees ex Steud.

分类学地位：禾本科棒头草属

关键识别特征： 一年生草本，高10～75 厘米。秆直立，丛生，基部膝曲倾斜。叶鞘光滑，短于或下部长于节间；叶舌膜质，长圆形，二裂或具不规则裂齿；叶片扁平，条形，微粗糙。圆锥花序穗状，近棒状或卵形，较疏松，具分枝；小穗灰绿色或带紫色。颖果椭球形，一面扁平。花果期4—9月。

生境与分布： 多生于湖滩潮湿地。老子山镇小兴滩村等地有分布。我国分布于南北各省份。

价值与应用： 为优良牧草，在开花结实前草质柔嫩，叶量丰富，牛、马、羊均喜采食，抽穗结实后适口性下降，采食性差，但黄牛、牦牛仍喜采食。

○瘦脊伪针茅 *Pseudoraphis sordida*（Thwaites）S. M. Phillips et S. L. Chen

分类学地位：禾本科伪针茅属

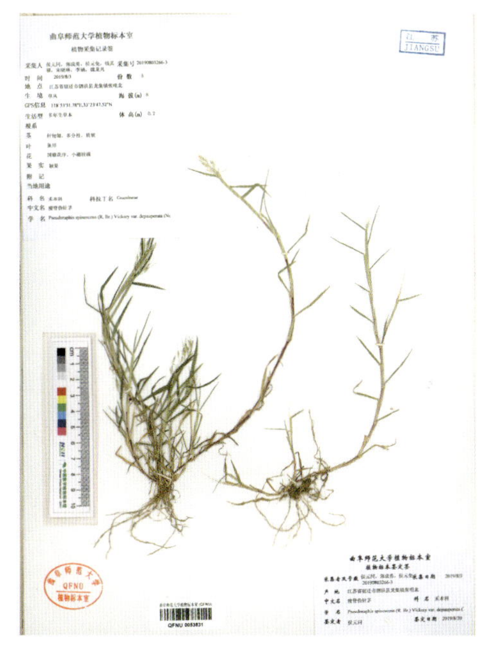

关键识别特征：多年生草本，高20～40厘米。秆瘦弱，柔软而压扁，基部常匍匐，多分枝，节处生根。叶鞘长于节间，鞘口具2枚尖锐的叶耳；叶舌膜质，撕裂状；叶片短小，披针形。圆锥花序紧缩，基部包藏于鞘内；分枝粗糙，仅有1枚小穗；小穗披针形。颖果成熟时裸露在外。花果期7—10月。

生境与分布：生于湖滩沼泽及湿地。卢集镇高湖村、新庄嘴，裴圩镇黄码河入湖口，龙集镇张嘴村，太平镇倪庄村，城头乡朱台子村，老子山镇马浪岗村，蒋坝镇头河滩村，等等，均有分布。国内分布于山东、江苏、浙江、湖北、湖南、云南等省份。

价值与应用：该种秆叶柔软，可作优质牧草。

光穗筒轴茅 *Rottboellia laevispica* Keng

分类学地位：禾本科筒轴茅属

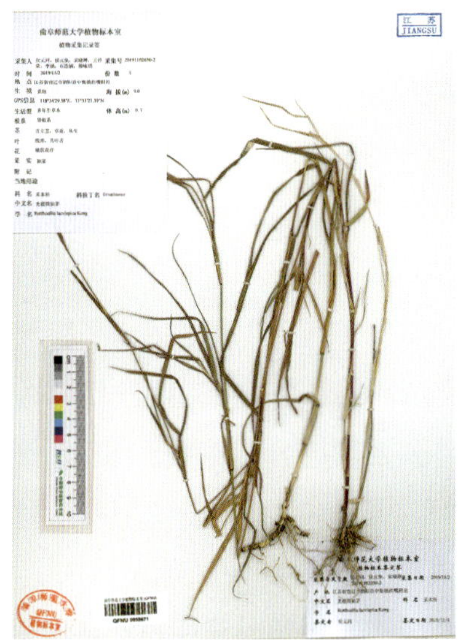

关键识别特征：多年生草本，高达1米。叶鞘平滑或具乳突；叶片扁平，线形；叶舌膜质，先端具纤毛。穗状花序圆柱状或稍压扁，长达20厘米；花序轴具节，逐节脱落；每节上无柄小穗和有柄小穗异型，无柄小穗两性，紧贴花序轴凹陷处，背面光滑；有柄小穗退化，仅剩2枚颖片。花果期7—10月。

生境与分布：生于湖边湿地。卢集镇西周村、曾嘴村等地有分布。为江苏、安徽特有植物。

价值与应用：该种可作为湿地绿化植物使用；幼嫩茎叶可作饲料。

荻 *Miscanthus sacchariflorus*(Maxim.)Hackel

分类学地位：禾本科芒属

关键识别特征：多年生草本，高1～1.5米。根状茎发达，细长而匍匐，被鳞片，节处生根与幼芽。秆直立，丛生，具10多节，节生柔毛。叶片扁平，条形，主脉特别明显，叶舌具有1圈纤毛。圆锥花序扇形，偏向一侧，主轴与分枝均无毛；小穗无芒，藏于白色丝状毛内，基盘上的丝状毛长于小穗；颖片脊缘具白色长丝状毛。花果期8—10月。

生境与分布：生于湖滩湿地。卢集镇西周村、新庄嘴村，临淮镇蚕桑场三组，洪泽湖湿地国家级自然保护区，官滩镇武小圩村，蒋坝镇头河滩村，等等，均有分布。国内分布于东北、华北、华东等地区。

价值与应用：其根状茎发达，用于防沙护坡；根及根状茎入药，具有祛暑解表、利尿之功效。

○ 菰 *Zizania latifolia*（Griseb.）Turcz. ex Stapf

俗名：茭白、茭笋、茭瓜、茭儿菜

分类学地位：禾本科菰属

关键识别特征：多年生草本，高达2米。根状茎匍匐而横走。秆直立，基部常被黑粉菌寄生。叶舌膜质，顶端尖；叶片扁平，宽大。圆锥花序开展，长30～50厘米，分枝多数，簇生，开花时上升，果期开展。雄小穗两侧压扁，着生于花序下部或分枝之上部，带紫色；雌小穗圆筒形，着生于花序上部和分枝下方与主轴贴生处。颖果圆柱形。花果期7—10月。

生境与分布：生于湖滩浅水、沼泽或湿地。洪泽湖区域多有分布。国内分布于东北、西北、华中、华南等地区。

价值与应用：植物体吸收富集重金属，去除总氮、总磷和BOD；若秆基部被黑粉菌寄生，则肥嫩而膨大，称茭瓜（茭白、茭笋）；若不被寄生，称茭儿菜，均可作蔬菜；颖果（茭米）可做饭食用，入药，具有止渴、解烦热、清肠胃之功效；根状茎（菰根）入药，治疗肠胃热，具止渴、利小便等功效。

金鱼藻科 Ceratophyllaceae

金鱼藻 *Ceratophyllum demersum* L.

俗名：细草、软草

分类学地位：金鱼藻科金鱼藻属

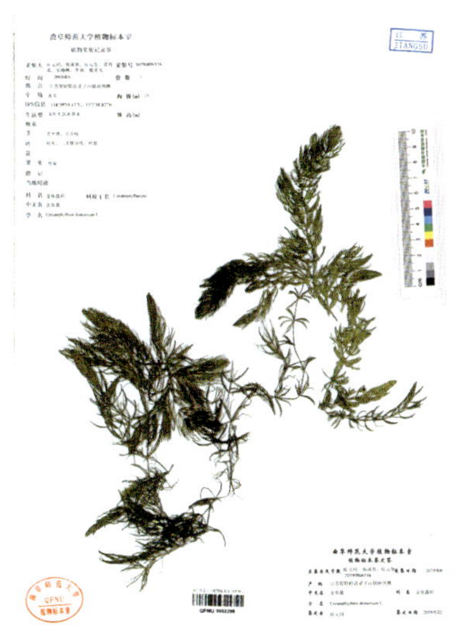

关键识别特征：多年生沉水草本。无根。茎细柔，有分枝。叶轮生，每轮6～8枚，无柄；叶片2歧式细裂，裂片线状，具刺状小齿。花小，单性，雌雄同株或异株，腋生，无花被；总苞片8～12枚，钻状；雄花具多数雄蕊；雌花具雌蕊1枚，子房狭卵形，上位，1室；花柱钻形。小坚果卵形，光滑；花柱宿存，基部具刺。花期6—7月，果期8—10月。

生境与分布：生于湖边水体。卢集镇高湖村、龙集镇小丁庄村、洪泽湖湿地国家级自然保护区、老子山镇马浪岗村、官滩镇武小圩村、高良涧街道洪祥村等地有分布。我国分布极广。

价值与应用：植物体可吸收富集重金属，去除总氮、总磷，净化水体；亦可作鱼类饲料，用于人工养殖鱼缸布景。全草入药，味甘、淡，性凉，四季可采，晒干，具有凉血止血、清热利水之功效，主治血热吐血、咯血、热淋涩痛等病症。

毛茛科 Ranunculaceae

○石龙芮 *Ranunculus sceleratus* L.

分类学地位：毛茛科毛茛属

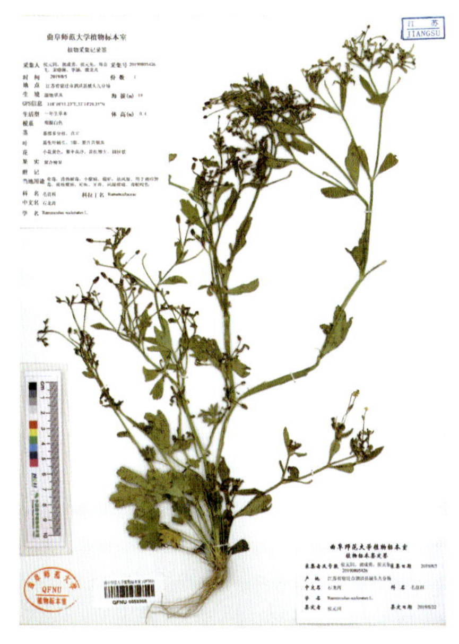

关键识别特征：一年生草本。茎直立，近肉质，具分枝。单叶互生，基生叶多数，莲座状排列，叶片肾形或宽卵形，3深裂，中裂片楔形或菱形，3浅裂，侧裂片斜倒卵形，不等2裂。茎生叶渐小，3裂或不裂。花托突起，萼片5枚，卵状椭圆形；花瓣5枚，倒卵形，黄色；雄蕊多数；雌蕊多数。聚合果圆柱状，瘦果斜倒卵形。花果期4—9月。

生境与分布：生于湖岸、河边浅水及湿地。龙集镇张嘴村、临淮镇蚕桑场三组、城头乡朱台子村、蒋坝镇头河滩村等地有分布。全国各地均有分布。

价值与应用：植物体能够吸收富集重金属；植物体内含白头翁素，有毒，入药，具有消结核、截疟之功效，治痈肿、疮毒、蛇毒和风寒湿痹等病症。

茴茴蒜 *Ranunculus chinensis* Bunge

分类学地位：毛茛科毛茛属

关键识别特征： 一年生或多年生草本，被开展糙毛。茎直立，多分枝，中空。叶基生或互生，基生叶数枚，为三出复叶，顶生小叶菱形，3深裂，裂片楔形；侧生小叶斜扇形，不等2深裂；茎生叶渐小。花序具3至数朵花；花的萼片5枚，反折，狭卵形；花瓣5枚，倒卵形，黄色；雄蕊多数；雌蕊多数。聚合果圆柱形；瘦果扁，斜倒卵形，具窄边。花果期4—9月。

生境与分布： 生于湖岸湿润处。洪泽湖湿地国家级自然保护区等地有分布。全国广布。

价值与应用： 全草入药，有消炎、退肿、截疟及杀虫等功效，主治肝炎、肝硬化等病症；外敷，引赤发泡等。因含乌头碱，有毒，仅供药用，不可食用。

○ 刺果毛茛 *Ranunculus muricatus* L.

分类学地位：毛茛科毛茛属

关键识别特征：一年生草本。茎基部多分枝，倾斜上升。叶基生或互生，基生叶6～9枚，宽卵形，3浅裂，中裂片宽卵状楔形，再3裂或具牙齿，侧裂片斜卵形，不等2裂；茎生叶渐小。花与上部茎生叶对生，花托突起，萼片5枚，窄卵形；花瓣5枚，狭倒卵形，黄色；雄蕊多数；雌蕊多数。聚合果扁球形；瘦果扁平，有宽边缘，两边有刺。花果期3—6月。

生境与分布：生于湖岸漫滩湿地。蒋坝镇头河滩村有分布。我国分布于江苏、浙江和广西等省份。

价值与应用：全草入药，具有退黄截虐、下气定喘、止痛消肿之功效。

莲科 Nelumbonaceae

莲 *Nelumbo nucifera* Gaertn.

俗名：荷花、莲花、菡萏、芙蕖

分类学地位：莲科莲属

关键识别特征：多年生草本。根状茎横走，节间膨大，肥厚，节部缢缩，下生不定根。叶互生，叶片圆形，盾状着生，叶柄和花梗散生小刺。花大而美丽，芳香，挺出水面开放；花托倒圆锥形，花被片多数，红色、粉红色或白色，矩圆状椭圆形，由外向内渐小；雄蕊多数，着生于花托基部，花药顶端具白色药隔附属物；雌蕊生于花托上面的凹穴内。坚果椭球形或卵形，果皮革质，坚硬，熟时黑褐色。花期6—8月，果期8—10月。

生境与分布：生于湖滩及湖边浅水。洪泽湖区域各地多有分布。国内分布于南北各地。

价值与应用：植物体可吸收富集重金属，去除悬浮物，净化水体；根状茎（藕）、种子（莲子）可食，叶泡水可去暑热；花大而美丽，供观赏。

扯根菜科 Penthoraceae

○ 扯根菜 *Penthorum chinense* Pursh

俗名：水泽兰、水杨柳

分类学地位：扯根菜科扯根菜属，原隶属于虎耳草科

关键识别特征：多年生草本。茎直立，单生，上部分枝。单叶互生，叶片披针形，先端渐尖，边缘具细重锯齿。蝎尾状聚伞花序具多花，花黄白色，萼片5枚，革质，三角形；花瓣缺如；雄蕊10枚；心皮5（6）枚，下部合生，花柱5（6）枚，较粗。蒴果紫红色。种子多数，卵状长球形，表面具小丘状突起。花果期7—10月。

生境与分布：生于湖边湿地。卢集镇新庄嘴村，老子山镇剪草沟村、小兴滩村，蒋坝镇头河滩村，等等，均有分布。除青藏、新疆地区和海南外，我国大部分地区有分布。

价值与应用：全草入药，味甘，性温，具有利水除湿、祛瘀止痛之功效，主治黄疸、水肿、跌打损伤等病症；嫩苗可作为蔬菜食用。

小二仙草科 Haloragaceae

○穗状狐尾藻 *Myriophyllum spicatum* L.

俗名：聚藻、泥茜

分类学地位：小二仙草科狐尾藻属

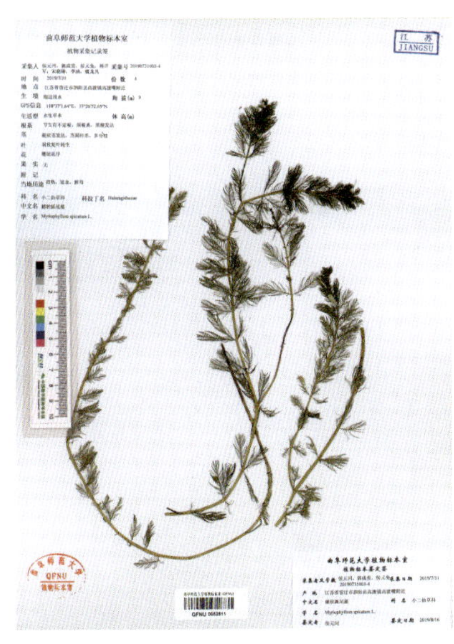

关键识别特征：多年生草本。茎发达，细长，柔弱，多分枝，节部生不定根。单叶轮生，叶片椭圆形，丝状细裂，裂片约13对，线形，羽毛状。穗状花序顶生或腋生，花两性、单性或杂性，雌雄同株，单生于水上枝的苞片状叶腋内，常4朵花轮生；若单性花，则上部为雄花，下部为雌花，中部有时为两性花，无花梗。花果期4—9月。

生境与分布：生于湖边浅水内。卢集镇高湖村、新庄嘴村，龙集镇东嘴村、袁庄村、张嘴村，太平镇倪庄村，城头乡朱台子村，洪泽湖湿地国家级自然保护区，老子山镇马浪岗村、官滩镇武小圩村，等等，均有分布。我国南北各省份常有分布。

价值与应用：植物体能够去除总氮、总磷，吸收富集重金属，降低水体的BOD、COD；全草入药，亦作为饲料使用。

豆科 Fabaceae

合萌 *Aeschynomene indica* L.

俗名：田皂角、水松柏、水槐子、水通草

分类学地位：豆科合萌属

关键识别特征： 一年生亚灌木状草本。茎直立，多分枝。奇数羽状复叶互生，小叶近对生，长矩圆形。总状花序腋生；花萼钟状，膜质，唇形；花冠黄色，具紫色条纹；旗瓣近圆形，翼瓣短于旗瓣，龙骨瓣长于翼瓣，呈半月形；雄蕊二体；子房扁平，线形。荚果线状长圆形，直或微弯，扁平，具4～8个荚节，成熟时逐节脱落。种子肾形，黑褐色。花果期7—10月。

生境与分布： 生于湖滩、沼泽及湿地。卢集镇高湖村、临淮镇蚕桑场三组、洪泽湖湿地国家级自然保护区、官滩镇武小圩村、蒋坝镇头河滩村等地有分布。我国各省份广布。

价值与应用： 全草入药，具有清热利湿、祛风明目、通乳之功效。

野大豆 *Glycine soja* Sieb. et Zucc.

俗名：蹻豆

分类学地位：豆科大豆属

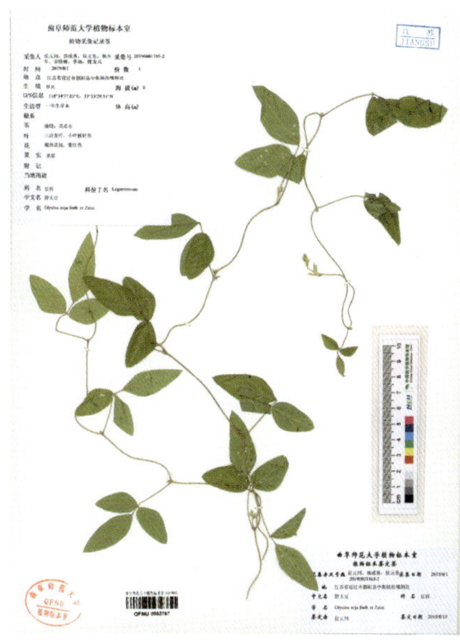

关键识别特征：一年生草本，疏被褐色长硬毛。茎纤细，缠绕，多分枝。羽状三出复叶互生，顶生小叶卵圆形或卵状披针形，侧生小叶偏斜。总状花序腋生，花小，蝶形花冠，淡紫色。荚果稍弯，两侧扁，种子间稍缢缩，干后易裂，有种子2～3枚。种子椭球形，稍扁，黑褐色。花期7—8月，果期8—10月。

生境与分布：生于湖边湿地。卢集镇高湖村、新庄嘴村，裴圩镇黄码河入湖口，龙集镇张嘴村，洪泽湖湿地国家级自然保护区，老子山镇小兴滩村，蒋坝镇头河滩村，等等，均有分布。除新疆、青海和海南外，遍布全国。

价值与应用：全草入药，有补气血、利尿等功效，主治盗汗、肝火、目疾、黄疸、小儿疳疾等病症；野大豆具有优良性状，如耐盐碱、抗病等，是大豆的野生近缘种，在育种上可利用它进一步培育优良的大豆品种。属于国家重点保护野生植物（二级）。

○刺果甘草 *Glycyrrhiza pallidiflora* Maxim.

分类学地位：豆科甘草属

关键识别特征：多年生草本，密被黄褐色鳞片状腺点。茎直立，多分枝。羽状复叶互生，小叶9～15枚，小叶片卵状披针形，边缘具钩状细齿。总状花序长圆形，腋生，花密集成球状；花萼钟状，萼齿5枚，披针形；花淡紫色、紫色或淡紫红色；蝶形花冠。果序近球形，荚果扁卵球形，被刚硬的刺。种子圆肾形，黑色。花期6—7月，果期7—9月。

生境与分布：生于湖滩湿地。官滩镇武小圩村、蒋坝镇头河滩村等地有分布。国内分布于东北、华北地区，以及陕西、山东、江苏等省份。

价值与应用：茎叶可作为绿肥使用。

苜蓿 *Medicago sativa* L.

俗名：紫苜蓿

分类学地位：豆科苜蓿属

关键识别特征：多年生草本。茎直立，多分枝，丛生。羽状三出复叶互生，小叶长卵形、倒长卵形或线状卵形。花序总状或头状，具5～10朵花；花序梗比叶长；花萼钟形，萼齿比萼筒长；花冠蝶形，淡紫色、深蓝色或暗紫色，花瓣均具长爪，旗瓣长圆形，明显长于翼瓣和龙骨瓣，龙骨瓣稍短于翼瓣。荚果螺旋状，紧卷2～6圈。种子卵球形，平滑。花期5—7月，果期为6—8月。

生境与分布：生于湖滩湿地。临淮镇二河村等地有栽培或逸生。全国各地都有栽培或呈半野生状态。原产于地中海周围及西亚、南亚地区。

价值与应用：茎叶可作为饲料或牧草使用。

天蓝苜蓿 *Medicago lupulina* L.

俗名：天蓝

分类学地位：豆科苜蓿属

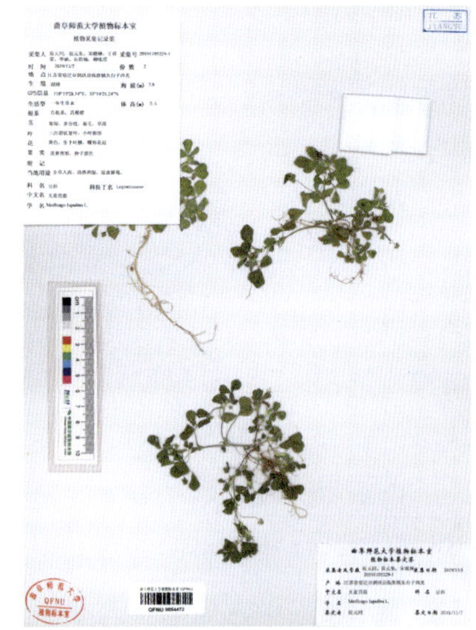

关键识别特征：一年生草本，密被贴伏柔毛。茎基部多分枝，平卧或斜升。羽状三出复叶互生，小叶倒卵形。头状花序梗细长，顶端具10～20朵花；花萼钟形，密被毛，萼齿线状披针形；花冠蝶形，黄色，旗瓣近圆形，翼瓣和龙骨瓣近等长，均比旗瓣短。荚果肾形，表面具同心弧形脉纹，被疏毛。种子1枚，卵球形，平滑。花期7—9月，果期8—10月。

生境与分布：生于湖滩湿地。城头乡朱台子村等地有分布。国内分布于南北各省份。

价值与应用：全草入药，具有清热利湿、凉血止血、舒筋活络之功效；草质优良，常作为动物饲料。

○黄香草木樨 *Melilotus officinalis*（L.）Pall.

俗名：辟汗草、黄花草木樨

分类学地位：豆科草木樨属

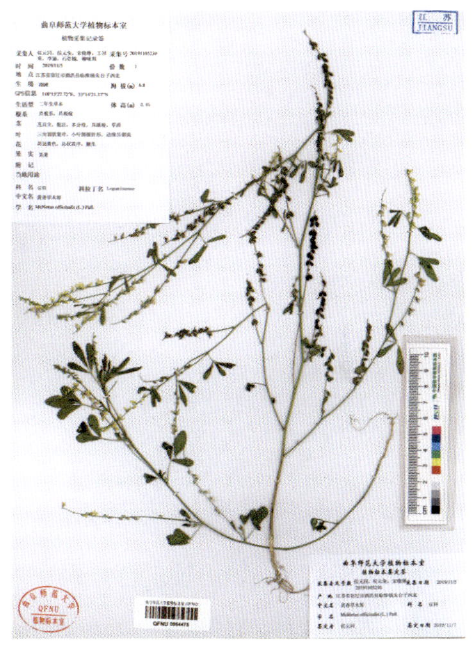

关键识别特征：二年生草本。茎直立，粗壮，多分枝，具纵棱。羽状三出复叶互生，小叶近卵形，具锯齿；托叶镰刀状线形。总状花序细长，腋生；花萼钟形，萼齿三角状披针形；花冠蝶形，黄色，旗瓣倒卵形，与翼瓣近等长，龙骨瓣稍短。荚果卵形，花柱宿存，表面具凹凸不平的横向细网纹，棕黑色。花期5—9月，果期6—10月。

生境与分布：生于湖边沼泽、湿地。卢集镇高湖村、西周村、新庄嘴村，临淮镇二河村，城头乡朱台子村等地有栽培或逸生。国内分布于东北、华南、西南各地区，常见栽培。原产于欧亚温带地区。

价值与应用：耐盐碱，为常见牧草；全草入药，具有清热、解毒、消炎之功效。

○田菁 *Sesbania cannabina* (Retz.) Poir.

分类学地位：豆科田菁属

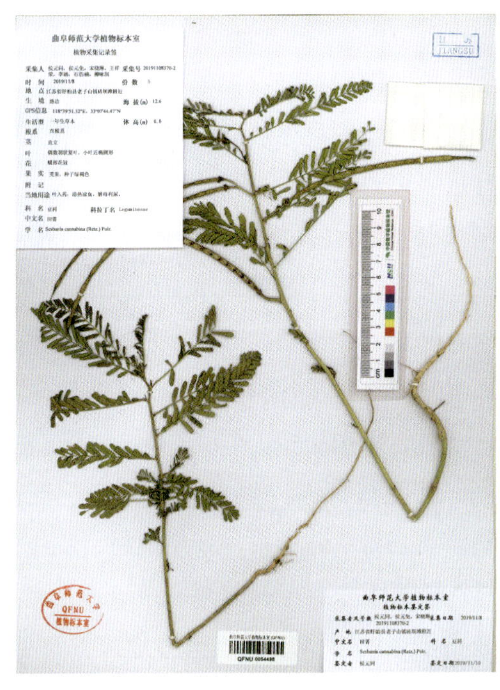

关键识别特征：一年生亚灌木状草本。茎直立，多分枝，高达1.5~2.0米。偶数羽状复叶互生，小叶20～30（～40）对，小叶线状长圆形。总状花序具2～6朵花；花疏松排列，花萼斜钟状，萼齿短三角形；花冠蝶形，黄色，旗瓣近圆形，先端微凹至圆形，外面散生紫黑色的点和线。荚果细长圆柱形，具喙，具20～35枚种子，种子间具横隔。种子短圆柱状，具光泽。花果期7—12月。

生境与分布：生于湖滩湿地。卢集镇新庄嘴村，龙集镇张嘴村，临淮镇蚕桑场三组、二河村，洪泽湖湿地国家级自然保护区，城头乡朱台子村，老子山镇王桥圩村、东嘴村，官滩镇武小圩村，等等，均有分布。我国分布于海南、江苏、浙江、江西、福建、广西、云南等省份。

价值与应用：种子入药，具有清热凉血、解毒利尿之功效；茎叶可作绿肥或青饲料。

红车轴草 *Trifolium pratense* L.

俗名：红三叶

分类学地位：豆科车轴草属

关键识别特征：多年生草本。茎粗壮，直立或平卧上升。掌状三出复叶互生，小叶卵形，叶面上常有V形白斑。花序球形或卵形，顶生，具30～70朵密集的花，花序梗较短，花萼钟状，萼齿丝状；花冠蝶形，紫红色至淡红色，旗瓣匙形，先端圆形，微凹缺，明显比翼瓣和龙骨瓣长，龙骨瓣稍比翼瓣短。荚果卵形，通常有1枚扁球形种子。花果期5—9月。

生境与分布：生于湖滩湿地。临淮镇二河村等地有分布。我国各地种植，逸生于我国部分湿润地区。原产于欧洲。

价值与应用：全草入药，具有清热、凉血、宁心之功效；用于湿地绿化观赏。

○白车轴草 *Trifolium repens* L.

俗名：白三叶、三叶草

分类学地位：豆科车轴草属

关键识别特征：多年生草本。茎细长，蔓生，节处生须根。掌状三出复叶互生，小叶近卵圆形，上面常有V形白斑。花序球形，顶生，具20～50朵密集的花，花序梗甚长；花萼钟形，萼齿5枚，披针形；花冠蝶形，白色，具香气，旗瓣椭圆形，比翼瓣和龙骨瓣长近1倍，龙骨瓣稍短于翼瓣；子房长球形。荚果长球形。种子宽卵球形。花果期5—10月。

生境与分布：生于湖滩湿地。临淮镇蚕桑场三组、蒋坝镇头河滩村等地有栽培或逸生。原产于欧洲和北非。我国常见种植或逸为野生。

价值与应用：该种为优质牧草及草坪植物；全草入药，具有清热凉血、宁心之功效。

○大花野豌豆 *Vicia bungei* Ohwi

俗名：三齿萼野豌豆

分类学地位：豆科野豌豆属

关键识别特征：一年生或二年生草本。茎缠绕，有棱，多分枝。偶数羽状复叶互生，卷须具分枝，小叶3～5对，长圆形或卵状长圆形，先端平截。总状花序长于或近等于叶，具2～4（～5）朵花；萼钟形，萼齿披针形；花冠蝶形，紫红色或蓝紫色，旗瓣倒卵状披针形，翼瓣短于旗瓣，龙骨瓣短于翼瓣。荚果扁长球形。花期4—5月，果期6—7月。

生境与分布：生于湖边湿地。龙集镇东嘴村、官滩镇武小圩村有分布。国内分布于东北、华北、西北、华东及西南等地区。

价值与应用：全草入药，花可治中风后口眼歪斜、吐血、咯血、肺热咳嗽等症；种仁治水肿；果荚治脓疮、水火烫伤；叶治无名肿毒和蛇咬伤等。茎蔓可作为饲料或绿肥使用。

广布野豌豆 *Vicia cracca* L.

俗名：野豌豆、苕草、苕子

分类学地位：豆科野豌豆属

关键识别特征：多年生草本。茎基部多分枝，柔弱，匍匐或斜升，具棱，被短柔毛。奇数羽状复叶互生，近顶端小叶退化为卷须；小叶片长椭圆形。总状花序腋生，稍长于叶，10朵以上的花生花序轴上部一侧，花蓝紫色。荚果褐色，圆柱状，肿胀。花果期5—10月。

生境与分布：生于湖边湿地。高良涧街道洪祥村等地有分布。国内分布于华北、华中、华东等地区。

价值与应用：该种为水土保持植物，其地上部分为优质牧草和绿肥；幼嫩茎叶可作蔬菜食用；茎叶入药，具有祛风除湿、活血消肿、解毒止痛之功效。

小巢菜 *Vicia hirsuta* (L.) S. F. Gray

俗名：小巢豆

分类学地位：豆科野豌豆属

关键识别特征：一年生草本。茎基部多分枝，有棱，攀援或蔓生。偶数羽状复叶互生，卷须具分枝；小叶4～8对，线形或窄长圆形，先端平截，具短尖头。总状花序明显短于叶，有2～4（～7）朵花；花萼钟形，萼齿披针形；花冠蝶形，白色、淡蓝青色或紫白色；旗瓣椭圆形，先端平截或微凹，翼瓣近勺形，与旗瓣近等长，龙骨瓣较短；子房无柄。荚果长圆状菱形，表皮密被棕褐色长硬毛。种子2枚，扁球形，两面凸出。花果期2—7月。

生境与分布：生于湖岸漫滩湿地及浅水。蒋坝镇头河滩村、龙集镇东嘴村等地有分布。国内分布于陕西、甘肃、青海、广东、广西等省份。

价值与应用：幼嫩茎叶作为饲料，牲畜喜食；也可作为绿肥使用。全草入药，有活血、平胃、明目、消炎等功效。

○救荒野豌豆 *Vicia sativa* L.

俗名：野豌豆

分类学地位：豆科野豌豆属

关键识别特征：一年生或二年生草本，被微柔毛。茎具棱，斜升或攀援，多分枝。偶数羽状复叶互生，卷须2～3分枝；小叶2～7对，长椭圆形，先端圆钝或平截，有凹。花1～2（～4）朵，腋生，近无梗；花萼钟形，萼齿披针形；花冠蝶形，紫红色或红色，旗瓣长倒卵圆形，先端圆钝，翼瓣短于旗瓣，龙骨瓣短于翼瓣。荚果扁椭球形。种子球形。花期4—7月，果期7—9月。

生境与分布：生于湖岸湿地及湖滩浅水。卢集镇高湖村、临淮镇二河村、半城镇濉河入湖口、双沟镇双淮村、泗洪洪泽湖湿地国家级自然保护区、老子山镇剪草沟村、蒋坝镇头河滩村等地有分布。全国各地均广泛栽培。原产于欧洲南部、亚洲西部。

价值与应用：植物体为绿肥及优良牧草；全草药用，具有补肾调经、祛痰止咳之功效。

决明 *Cassia tora* L.

俗名：草决明、假花生

分类学地位：豆科决明属

关键识别特征： 一年生亚灌木状草本，高达2米。茎直立，粗壮，多分枝。羽状复叶互生，小叶3对，倒卵形或倒卵状长椭圆形，苗期酷似落花生。花腋生，通常2朵聚生；萼片稍不等大，卵形或卵状长圆形，外面被柔毛；花冠假蝶形，黄色。荚果纤细，近四棱形，两端渐尖。种子菱形，光亮。花果期8—11月。

生境与分布： 生于湖边沼泽及湿地。卢集镇高湖村，龙集镇东嘴村、张嘴村，洪泽湖湿地国家级自然保护区，城头乡朱台子村，官滩镇武小圩村等地有分布。原产于美洲热带地区，现长江以南各地区常见逸生。

价值与应用： 种子入药，具清肝明目、润肠通便之功效。

蔷薇科 Rosaceae

○ 蛇莓 *Duchesnea indica* (Andr.) Focke

俗名：蛇泡草、龙吐珠、三爪凤

分类学地位：蔷薇科蛇莓属

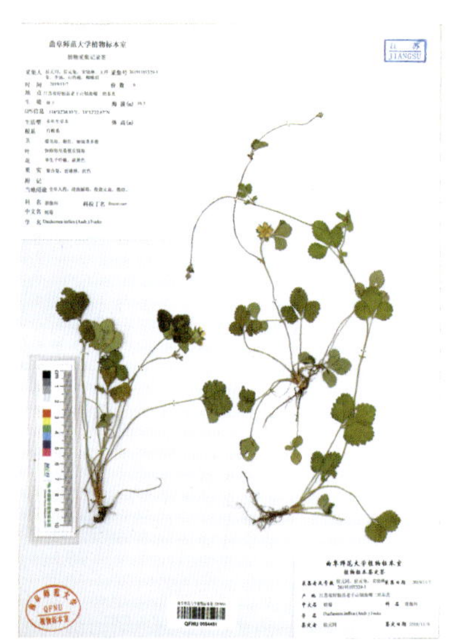

关键识别特征： 多年生草本。茎基部多分枝，平卧横走，形成匍匐茎，长达1米。掌状三出复叶互生，小叶倒卵形；托叶窄卵形。花单生苞腋，萼片5枚，卵形；副萼片5枚，倒卵形，先端具3～5锯齿；花瓣5枚，倒卵形，黄色；雄蕊多枚；心皮多数，离生。果期花托膨大，海绵质，鲜红色；聚合果近球形；瘦果多数，扁卵形。花期6—8月，果期8—10月。

生境与分布： 生于湖滩沼泽、湿地。洪泽湖湿地国家级自然保护区，老子山镇剪草沟村、小兴滩村、东嘴村，蒋坝镇头河滩村，等等，均有分布。国内分布于辽宁以南各省份。

价值与应用： 全草入药，味甘、苦，性寒，具有清热、凉血、消肿、解毒之功效，治疗热病、惊痫、咳嗽、吐血、咽喉肿痛、痢疾、痈肿、疔疮、蛇虫咬伤、烫火伤等病症。

朝天委陵菜 *Potentilla supina* L.

俗名：仰卧委陵菜、伏委陵菜

分类学地位：蔷薇科委陵菜属

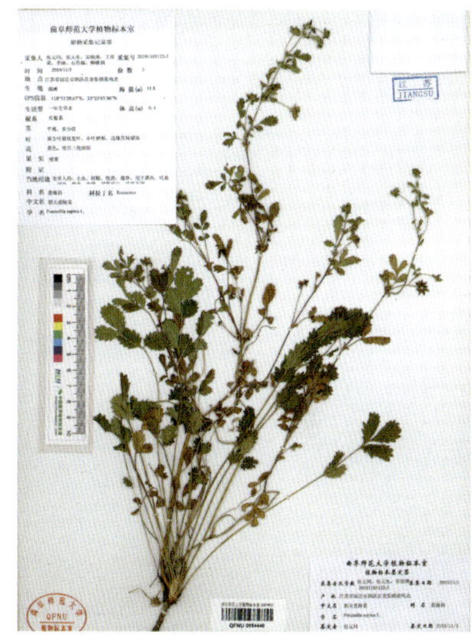

关键识别特征：一年生或二年生草本，疏被柔毛。茎基部多分枝，平卧、斜升或直立。基生羽状复叶排列为莲座状，具小叶2～5对，小叶片倒卵状长圆形，边缘有缺刻状锯齿；茎生叶互生，向上小叶对数渐少。伞房状聚伞花序生茎枝顶端；花的萼片5枚，三角状卵形；副萼片5枚，椭圆状披针形，顶端急尖；花瓣5枚，黄色，倒卵形，顶端微凹。聚合果近球形，瘦果长球形，表面具脉纹。花果期3—10月。

生境与分布：生于湖滩消落带或缓冲带下部湿地。洪泽湖区域各地多有分布。国内分布于南北各省份。

价值与应用：全草入药，味甘、酸，性寒，具有收敛止泻、凉血止血、滋阴益肾的功效，主治泄泻、吐血、尿血、须发早白和牙齿不固等症。

○三叶朝天委陵菜 *Potentilla supina* L. var. *ternata* Peterm.

分类学地位：蔷薇科委陵菜属

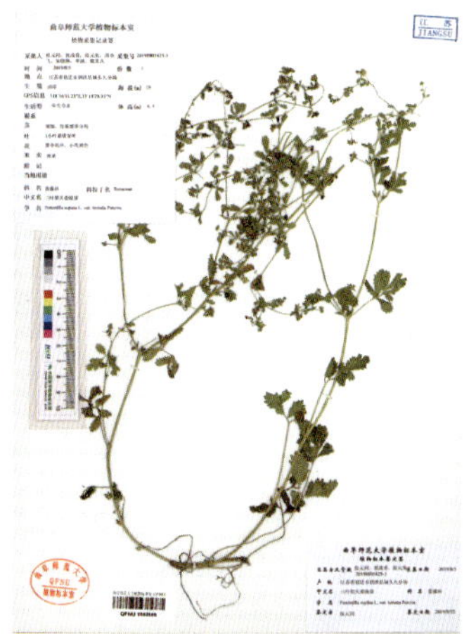

关键识别特征：特征同朝天委陵菜，二者区别在于：三叶朝天委陵菜植株矮小；茎基部分枝极多，铺地或微上升，稀直立；基生叶具小叶3枚，顶生小叶有短柄或几无柄，常2～3深裂或不裂。花果期3—10月。

生境与分布：生于湖岸湿地。城头乡朱台子村等地有分布。除青藏地区外，全国广布。

价值与应用：全草入药，味甘、酸，性寒，具有收敛止泻、凉血止血、滋阴益肾的功效，主治泄泻、吐血、尿血、须发早白和牙齿不固等症。

○绢毛匍匐委陵菜 *Potentilla reptans* L.var. *sericophylla* Franch.

分类学地位：蔷薇科委陵菜属

关键识别特征：多年生草本。根多分枝，常具纺锤状块根。茎纤细而匍匐，节上生不定根。基生叶为鸟足状五出复叶，背面被绢毛。单花自叶腋生出，花梗细长；萼片卵状披针形；副萼片长椭圆形或椭圆状披针形，与萼片近等长；花瓣黄色，宽倒卵形，先端下凹，比萼片稍长。瘦果黄褐色，卵球形，表面被显著点纹。花果期6—8月。

生境与分布：生于湖滩湿地及浅水处。洪泽湖湿地国家级自然保护区等地有分布。我国产于内蒙古、河北、山西、陕西、甘肃、河南、山东、江苏、浙江、四川、云南等省份。

价值与应用：全草入药，具有清热解毒、收敛止血之功效，治腹泻和内出血，同时用作漱口，治牙床出血和舌溃疡。

桑科 Moraceae

○ 构树 *Broussonetia papyrifera*（L.）L’Hér. ex Vent.

俗名：楮桃子、楮、楮树、构

分类学地位：桑科构属

关键识别特征：落叶小乔木或灌木，含白色乳汁，枝叶密被灰色粗毛。单叶互生，叶片宽卵形或长椭圆状卵形，边缘具粗锯齿，不裂、不规则3裂至5裂，基出3脉。花单性，雌雄异株，雄花序葇荑状，粗壮；雌花序头状。聚花果球形，熟时橙红色，肉质，味甜；瘦果球形，果柄肉质加粗，为主要可食部分。花期4—5月，果期6—7月。

生境与分布：生于湖岸湿地或鱼塘岸坡上。洪泽湖区域各地多有分布。我国各省份广布。

价值与应用：韧皮纤维可造纸；楮实子及根皮可供药用，树皮味甘，性平，有利尿消肿、祛风利湿的功效；叶味甘，性凉，有清热凉血、利湿杀虫的功效；种子味甘，性寒，有补肾强筋、明目利尿的功效。

胡桃科 Juglandaceae

○ 枫杨 *Pterocarya stenoptera* C. DC.

俗名：麻柳、枰柳、燕子树

分类学地位：胡桃科枫杨属

关键识别特征：高大落叶乔木。树皮黑褐色，不规则纵向裂。偶数羽状复叶互生，叶轴具窄翅，小叶多枚，无柄，长椭圆形或长椭圆状披针形，边缘具内弯细锯齿。雌雄同株，雌、雄葇荑花序均柔软下垂，花序轴密被星状毛及单毛。果序细长，常被毛；坚果多数，具2枚由小苞片发育而成的翅，酷似小燕子。花期4—5月，果期8—9月。

生境与分布：生于湖滩湿地。卢集镇西周村等地有分布。国内分布于华东、华中、华南、西南等地区，华北和东北仅有栽培。

价值与应用：广泛栽植，作绿化树种；树皮与枝皮含鞣质，亦可供纤维；果实可作饲料、酿酒；种子可榨油。

葫芦科 Cucurbitaceae

○盒子草 *Actinostemma tenerum* Griff.

分类学地位：葫芦科盒子草属

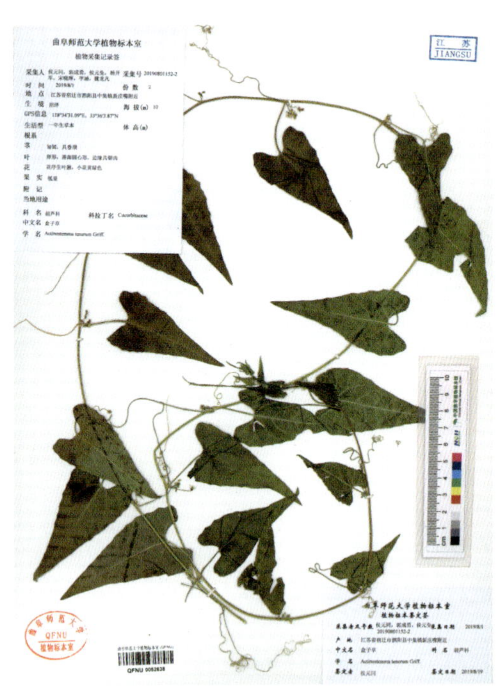

关键识别特征：一年生草质藤本。茎纤细，蔓性，具卷须。单叶互生，叶片近心状狭卵形，边缘具锯齿。花单性，雌雄同株；雄花序总状或圆锥状；雄花花萼辐状，裂片线状披针形，花冠辐状，裂片披针形；雌花单生、双生或雌雄同序，雌花梗具关节，花萼和花冠同雄花，子房有疣状突起。蒴果卵球形，疏生鳞片状突起，近中部盖裂。种子表面有不规则雕纹。花期7—9月，果期9—11月。

生境与分布：生于湖滩浅水及沼泽。卢集镇高湖村、新庄嘴村，裴圩镇黄码河入湖口，太平镇倪庄村，高良涧街道洪祥村，蒋坝镇头河滩村，等等，均有分布。除西北地区外，我国各地区均有分布。

价值与应用：全草入药，具有利尿消肿、清热解毒之功效。

酢浆草科 Oxalidaceae

酢浆草 *Oxalis corniculata* L.

俗名：酸醋酱、鸠酸、酸味草

分类学地位：酢浆草科酢浆草属

关键识别特征：多年生草本，被柔毛。茎细弱，匍匐，节处生根。叶基生或茎生，茎生叶互生，小叶3枚，倒心形，先端凹下。幼嫩茎叶有酸味。花单生或数朵组成伞形花序，花序梗与叶近等长，花的萼片5枚，披针形或长圆状披针形；花瓣5枚，黄色，长圆状倒卵形；雄蕊10枚，基部合生，长、短互间；子房5室，被伏毛，花柱5枚，柱头头状。蒴果圆柱形，具5棱，被柔毛。成熟时若受触碰，则爆裂，弹出种子。花果期2—9月。

生境与分布：生于湖滩湿地。洪泽湖湿地国家级自然保护区，老子山镇剪草沟村，蒋坝镇头河滩村，等等，均有分布。全国广布。

价值与应用：全草入药，具有解热利尿、消肿散淤之功效。

杨柳科 Salicaceae

○ 垂柳 *Salix babylonica* L.

俗名：水柳、垂丝柳、清明柳

分类学地位：杨柳科柳属

关键识别特征： 高大落叶乔木。树皮灰黑色，不规则纵裂，枝条柔软下垂。单叶互生，叶片条状披针形。雌雄异株，雌雄花序穗状，直立。先叶开放，或与叶同放。雄花具1枚狭卵形苞片，2枚雄蕊；雌花具1枚狭卵形苞片，1枚雌蕊。蒴果卵形，成熟时自行开裂，种子具白色绒毛，随风传播。花期3—4月，果期4—5月。

生境与分布： 生于湖边湿地。卢集镇高湖村、临淮镇二河村、洪泽湖湿地国家级自然保护区等地有分布。国内分布于长江流域与黄河流域，其他各地均有栽培。

价值与应用： 该种可作水边绿化树种；其木材可做家具，枝条可作编筐原料等使用。

旱柳 *Salix matsudana* Koidz.

俗名：柳树

分类学地位：杨柳科柳属

关键识别特征：高大落叶乔木。树皮暗灰黑色，不规则纵裂，枝条向上生长，不柔软下垂。单叶互生，叶片条状披针形。雌雄异株，花序先叶开放或与叶同时开放；雌、雄花序穗状，直立；雄花具雄蕊2枚，花丝基部有长毛，花药卵形，黄色；苞片狭卵形，黄绿色，先端钝；腺体2枚；雌花序较雄花序短。蒴果卵球形，成熟时自行开裂，种子基部具柔毛。花期3—4月，果期4—5月。

生境与分布：生于湖岸湿地、鱼塘岸湿地、岛状漫滩湿地及浅水。洪泽湖区域各地多有分布。国内分布于东北、华北平原、西北黄土高原，西至甘肃、青海，南至淮河流域以及浙江、江苏。为平原地区常见树种。

价值与应用：木材白色，质轻软，供建筑器具、造纸、人造棉、火药等使用；细枝可编筐；该种为早春蜜源树，又为固沙保土四旁绿化树种；叶为冬季羊饲料。

牻牛儿苗科 Geraniaceae

野老鹳草 *Geranium carolinianum* L.

分类学地位：牻牛儿苗科老鹳草属

关键识别特征：一年生草本。茎直立或仰卧，基部多分枝，密被倒向短柔毛。单叶基生、互生或上部对生，叶片圆肾形，掌状5～7深裂，裂片楔状倒卵形，上部羽状深裂，小裂片条状矩圆形。花序腋生和顶生，每花序梗具2花，花序梗常数个簇生茎端，呈伞形；花瓣淡紫红色，倒卵形。蒴果卵形，成熟时果瓣由喙上部先裂，向下卷曲。花期4—7月，果期5—9月。

生境与分布：生于湖边湿地。龙集镇东嘴村、张嘴村，洪泽湖湿地国家级自然保护区，城头乡朱台子村，老子山镇小兴滩村，官滩镇东嘴村，等等，均有分布。原产于美洲。我国逸生，分布于华东、华中以及西南等地区。

价值与应用：全草入药，具有祛风收敛、止泻之功效。

千屈菜科 Lythraceae

○耳基水苋菜 *Ammannia auriculata* Willd.

俗名：耳基水苋

分类学地位：千屈菜科水苋菜属

关键识别特征：一年生草本。茎直立，4棱，少分枝。单叶对生，叶片矩圆状披针形，基部扩大，心状耳形，半抱茎。聚伞花序腋生，通常有花3朵，多可至15朵，花萼筒钟形，结实时近半球形，具棱4～8条，裂片4枚；花瓣4枚，紫色或白色，近圆形；子房球形，花柱与子房等长。蒴果扁球形，成熟时约1/3突出于萼之外，紫红色。花果期8—12月。

生境与分布：生于湖滩沼泽及湿地。龙集镇东嘴村、高良涧街道洪祥村、蒋坝镇头河滩村等地有分布。国内分布于广东、福建、浙江、江苏、安徽、湖北、河南、河北、陕西、甘肃及云南等地。

价值与应用：全草药用，味苦、涩，性微寒，具有健脾利湿、行气散瘀、止血之功效，用于治疗脾虚厌食、胸膈满闷、小便短赤涩痛、跌打损伤、带下等病症。

千屈菜 *Lythrum salicaria* L.

俗名：水枝柳、水柳、对叶莲

分类学地位：千屈菜科千屈菜属

关键识别特征：多年生草本。根茎粗壮。茎4棱，直立，多分枝，青绿色，略被粗毛或密被绒毛。单叶对生或三叶轮生，叶片披针形或阔披针形，基部圆形或心形，有时略抱茎，全缘，无柄。聚伞花序小，簇生，因花梗及总梗极短，花枝似一大型穗状花序；苞片宽披针形，花梗极短，花瓣6枚，紫红色。蒴果扁球形。花期7—9月，果期9—10月。

生境与分布：生长于湖滩湿润处。洪泽湖湿地国家级自然保护区等地有分布。全国广布。

价值与应用：植物体能够吸收富集重金属，去除氨氮；花色艳丽，可观赏；全草入药，治疗肠炎、痢疾、便血等症。

欧菱 *Trapa natans* L.

俗名：大弯角菱、乌菱、菱、丘角菱

分类学地位：千屈菜科菱属，原隶属于菱科

关键识别特征：一年生草本。着泥根细长，黑色，铁丝状，生水底淤泥中；同化根生于沉水叶叶痕两侧，呈羽状丝裂，淡绿褐色。茎细长，柔弱，多分枝。浮水叶互生，于茎端形成密集莲座状菱盘；叶片三角状菱形，基部近圆形，边缘上部具细锯齿。花小，单生于叶腋，花瓣4枚，白色；果三角形，2肩角平伸或弯成牛角形。花期7—9月，果期8—11月。

生境与分布：生于湖水中。洪泽湖区域各地多有分布。国内分布于大部分地区，各地均栽培。

价值与应用：种子淀粉含量高，可供食用、酿酒；全株可作饲料使用。

○细果野菱 *Trapa incisa* Sieb. et Zucc.

俗名：野菱、四角刻叶菱、小果菱

分类学地位：千屈菜科菱属，原隶属于菱科

关键识别特征：一年生草本。着泥根细长，黑色，铁丝状，生水底淤泥中；同化根生于沉水叶叶痕两侧，呈羽状丝裂，淡绿褐色。茎细长，柔弱，多分枝。浮水叶较小，互生，形成稀疏的菱盘，三角状菱形，其基角近90°；边缘具缺刻状锐齿。花小，白色，萼筒4裂，绿色；花瓣4枚，白色，或微紫红色。坚果三角形，较小，4枚刺角细长。花期5—10月，果期7—11月。

生境与分布：生于湖水中。卢集镇新庄嘴村等地有分布。国内分布于江苏、浙江、安徽、湖南、江西、福建、台湾等省份。

价值与应用：果实小，含淀粉，可食用。被列入《国家重点保护野生植物名录》（二级）。

柳叶菜科 Onagraceae

假柳叶菜 *Ludwigia epilobioides* Maxim.

分类学地位：柳叶菜科丁香蓼属

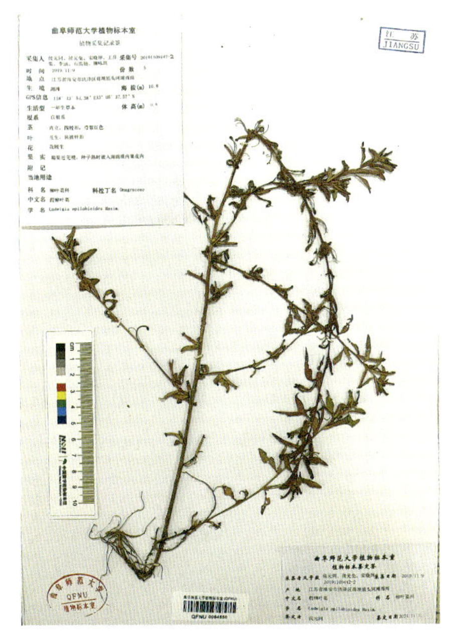

关键识别特征：一年生草本。茎直立、斜升或平卧，粗壮，高30～150厘米，四棱形，带紫红色，多分枝。叶互生，狭椭圆形至狭披针形，具柄。花单生苞腋，萼片4～5（～6）枚，三角状卵形，先端渐尖，被微柔毛；花瓣黄色，倒卵形，先端圆形，基部楔形；雄蕊与萼片同数，花药宽长圆状；花柱粗短，柱头球状。蒴果近无梗，熟时表面平滑，圆柱状，不规则开裂。种子1或2列，稀疏嵌埋于内果皮内，狭卵球状，稍歪斜，表面具红褐色纵条纹，其间有横向的细网纹。花期8—10月，果期9—11月。

生境与分布：生于湖滩湿地。卢集镇新庄嘴村，裴圩镇黄码河入湖口，龙集镇东嘴村、张嘴村，老子山镇马浪岗村，官滩镇武小圩村，高良涧街道洪祥村，蒋坝镇头河滩村，等等，均有分布。国内分布于东北、华北、华东、华南、华中、西南等地区。

价值与应用：全草入药，味苦，性寒，具有清热、利尿之功效，治疗痢疾效果显著。

毛草龙 *Ludwigia octovalvis*（Jacq.）Raven

俗名：水丁香、草龙、草里金钗

分类学地位：柳叶菜科丁香蓼属

关键识别特征：多年生草本，被开展的黄褐色粗毛。茎直立，多分枝。单叶互生，叶片披针形或线状披针形。花单生，萼片5枚，卵形；花瓣5枚，黄色，倒卵状楔形，侧脉4～5对；雄蕊10枚，花药具四合花粉；雌蕊柱头近头状，4浅裂；蒴果圆柱状，具8条棱，成熟时不规则室背开裂。花期6—8月，果期8—11月。

生境与分布：生于湖边湿地。龙集镇袁庄村等地有分布。国内分布于华东、华中、华南以及西南等地区。

价值与应用：全草入药，具有清热解毒、祛腐生肌之功效。

小花山桃草 *Gaura parviflora* Dougl.

分类学地位：柳叶菜科山桃草属

关键识别特征：一年生草本，密被灰白色长柔毛与腺毛。茎直立，上部具分枝。单叶互生，基生叶宽倒披针形，基部渐狭至柄；茎生叶渐小，长圆状卵形。穗状花序生茎枝顶端，常弯垂，花萼筒带红色，线状披针形，反折；花瓣白色，倒卵形，具爪；花丝基部具鳞片状附属物；花柱伸出花冠筒外，柱头4深裂。蒴果纺锤形，具不明显4棱。花期7—8月，果期8—9月。

生境与分布：生于湖边湿地。临淮镇二河村等地有分布。原产于美国，尤以美国中西部最多。国内河北、河南、山东、安徽、江苏、湖北和福建等省份常见。

价值与应用：植物体具有一定的观赏价值；全草入药，具有清热解毒、消肿止痛之功效。

锦葵科 Malvaceae

○ 甜麻 *Corchorus aestuans* L.

分类学地位：锦葵科黄麻属

关键识别特征： 一年生草本。茎基部多分枝，仰卧或斜升。单叶互生，叶片近卵形，边缘有锯齿，基出脉3条。花单生或数朵组成聚伞花序，生叶腋，萼片5枚，窄长圆形，先端有角；花瓣5枚，倒卵形，黄色；雄蕊多数，花药黄色；子房圆柱形，柱头喙状，5裂；蒴果长柱形，具纵棱6条，顶端有3～4个长角；果瓣有横隔，具多数种子。花果期夏秋季。

生境与分布： 生于湖滩、沼泽及湿地。卢集镇高湖村，裴圩镇黄码河入湖口，龙集镇东嘴村、袁庄村，临淮镇蚕桑场三组，城头乡朱台子村，洪泽湖湿地国家级自然保护区，蒋坝镇头河滩村有分布。国内分布于长江以南地区。

价值与应用： 全草入药，可清凉解热；嫩时可食；亦可用于编织和造纸。

十字花科 Brassicaceae

碎米荠 *Cardamine hirsuta* L.

俗名：宝岛碎米荠

分类学地位：十字花科碎米荠属

关键识别特征：一年生或二年生小草本。茎直立或斜升，分枝或不分枝。奇数羽状复叶互生，基生叶具柄，小叶2～5对，顶生者圆肾形，侧生者卵形；茎生叶渐小，具短柄，小叶3～6对，顶生者菱状长卵形，侧生者长卵形至线形。总状花序生于枝顶，花小，无苞片；花瓣白色，“十”字形排列。长角果线形，稍扁。种子褐色，椭球形。花期2—4月，果期4—6月。

生境与分布：生于湖岸湿地。分布于卢集镇新庄嘴村等地。分布几乎遍布全国。

价值与应用：幼嫩茎叶可作野菜食用；全草供药用，能疏风清热、利尿解毒；种子含油率25%，供榨油。

○蔊菜 *Rorippa indica*（L.）Hiern.

俗名：印度蔊菜

分类学地位：十字花科蔊菜属

关键识别特征：一年生或二年生草本。茎直立或斜升，较粗壮，单一或分枝。单叶互生，基生叶及下部叶倒卵状披针形，大头羽状裂，具柄，茎生叶向上渐小，倒披针形，不裂，边缘具不规则齿，柄渐短。总状花序生枝顶，花小，基部无苞片；花瓣4枚，黄色，"十"字形排列。长角果细圆柱形，稍上弯，每室具2行种子。种子卵球形，褐色，表面具细网纹。花期4—6月，果期6—8月。

生境与分布：生于湖岸湿地或浅水。分布于龙集镇东嘴村、小丁庄村，城头乡朱台子村，高良涧街道洪祥村，蒋坝镇头河滩村，等等。国内分布于黄河以南地区。

价值与应用：全草入药，内服，具有解表健胃、止咳化痰、平喘、清热解毒、散热消肿之功效；外用，治痈肿疮毒及烫火伤。幼嫩茎叶是常见的野菜或作饲料用。种子可榨油。

无瓣蔊菜 *Rorippa dubia* (Pers.) Hara

俗名：塘葛菜、野油菜

分类学地位：十字花科蔊菜属

关键识别特征：一年生草本，无毛。茎直立或铺散，较柔弱。单叶互生，基生叶及下部叶倒卵状披针形，大头羽状分裂，茎生叶向上渐少，边缘具不规则锯齿，柄渐短。总状花序生枝顶，花小，黄绿色，花瓣无或具退化花瓣，基部无苞片。长角果线形，扁平，每室具1行种子。种子近卵形，褐色，表面具细网纹。花期4—6月，果期6—8月。

生境与分布：生于湖边湿地。蒋坝镇头河滩村等地有分布。我国多分布于黄河以南及西藏地区。

价值与应用：全草入药，内服，具有解表健胃、止咳化痰、平喘、清热解毒、散热消肿之功效；外用，治痈肿疮毒及烫火伤。

沼生蔊菜 *Rorippa palustris*（L.）Besser

分类学地位：十字花科蔊菜属

关键识别特征： 一年生或二年生草本，无毛。茎直立，单一或分枝。单叶互生，基生叶莲座状着生，叶片长圆形或倒卵状长圆形，大头羽状深裂，具长柄，茎生叶渐小，羽状裂或具齿，柄渐短。总状花序顶生或腋生，花小，黄色，无苞片；短角果椭球形，稍弯曲。种子卵形，黄褐色，表面具点状凹穴。花期4—7月，果期6—8月。

生境与分布： 生于湖滩、沼泽及湿地。分布于卢集镇高湖村、新庄村，裴圩镇黄码河入湖口，龙集镇东嘴村、张嘴村，太平镇倪庄村，城头乡朱台子村，老子山镇马浪岗村，等等。国内分布于华中、东北、西南等地区。

价值与应用： 全草入药，具有镇咳化痰、清热解毒、活血通经之功效。

○风花菜 *Rorippa globosa*（Turcz.）Hayek

俗名：球果蔊菜

分类学地位：十字花科蔊菜属

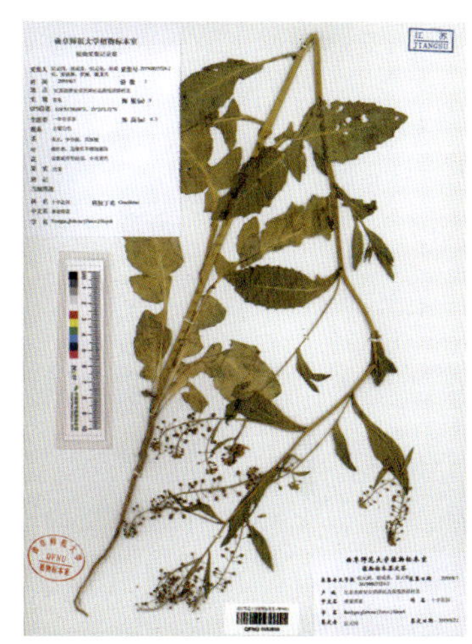

关键识别特征：一年生或二年生草本。茎直立，粗壮，基部木质，下部具柔毛，中上部多分枝。单叶互生，基生叶具柄，莲座状着生，叶片长圆形至倒卵状披针形，边缘具锯齿；茎生叶渐小，柄渐短，叶片基部下延或短耳状抱茎。总状花序多数，排列为开展的圆锥状，花小，黄色。短角果球形，果柄近等长。花期4—6月，果期7—9月。

生境与分布：生于湖滩、沼泽及湿地。分布于裴圩镇黄码河入湖口、龙集镇东嘴村、洪泽湖湿地国家级自然保护区、城头乡朱台子村、老子山镇马浪岗村、高良涧街道洪祥村、蒋坝镇头河滩村等。国内分布于东北、华北、华中及华南等地区。

价值与应用：幼嫩茎叶是重要的野菜资源，嫩株可作饲料；种子含油率11.6%，可榨油，供食用或工业用；全草入药，有补肾、凉血的功效。

○广州蔊菜 *Rorippa cantoniensis*（Lour.）Ohwi

俗名：细子蔊菜、广东蔊菜

分类学地位：十字花科蔊菜属

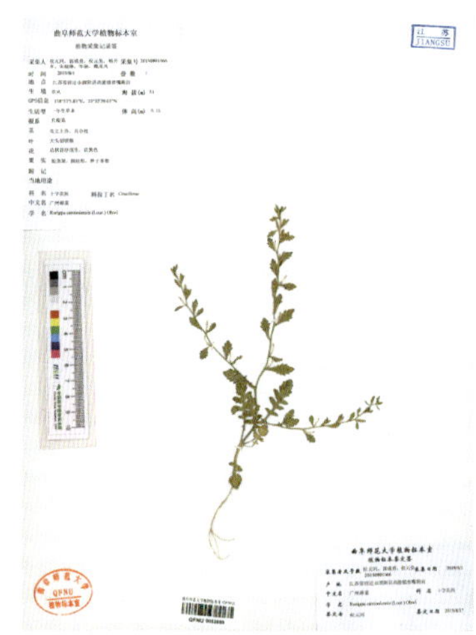

关键识别特征：一年生或二年生草本。茎基部多分枝，铺散状。单叶互生，基生叶大头羽状深裂，具柄，排成莲座状；茎生叶渐小，卵形，边缘具锯齿，基部耳状抱茎。花小，花瓣黄色，“十”字形排列，单生于叶状苞片腋内，不为总状花序。短角果圆柱状，微弯，果柄极短或无。花期3—4月，果期4—6月。

生境与分布：生于湖滩湿地。卢集镇曾嘴村、袁庄村、小丁庄村，高良涧街道洪祥村，老子山镇马浪岗村，等等，均有分布。国内分布于华北、华中、华东和华南地区，辽宁、四川、云南等省份也有分布。

价值与应用：幼嫩茎叶可作蔬菜食用；全草入药，有镇咳化痰、清热解毒、活血通经等功效。

柽柳科 Tamaricaceae

柽柳 *Tamarix chinensis* Lour.

俗名：西河柳、三春柳

分类学地位：柽柳科柽柳属

关键识别特征：灌木或小乔木。枝密而细弱，开展而下垂，红紫色。叶鲜绿色，钻形或长卵形，先端渐尖而内弯，半贴生。每年2～3次开花，总状花序生枝顶，春季花序侧生在木质化小枝上，花大而少，较稀疏而纤弱，小枝下倾；夏、秋季花序较前者细，生于当年生枝顶端，组成顶生圆锥花序，疏松而下弯，花较前者略小，密生，粉红色。蒴果圆锥形。花果期4—9月。

生境与分布：生于湖滩湿润盐碱地，零散分布于龙集镇东嘴村、老子山镇马浪岗村等地。全国各地均有栽培，野生于辽宁、河北、河南、山东、江苏、安徽等省份。

价值与应用：株型优美，可观赏；枝条柔韧，可编筐篓；耐旱抗盐，可防风绿化；枝叶药用，为解表发汗药，用于治疗痘疹透发不畅或疹毒内陷、感冒、咳嗽、风湿骨痛等。

蓼科 Polygonaceae

○萹蓄 *Polygonum aviculare* L.

俗名：扁竹、竹叶草

分类学地位：蓼科萹蓄属

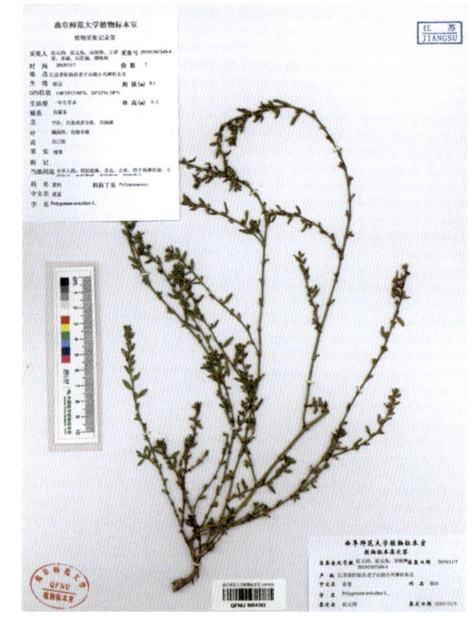

关键识别特征：一年生草本。茎基部多分枝，平卧、斜升或直立。单叶互生，叶片近卵形，叶柄顶端具关节；托叶鞘白色至红褐色，顶端开裂。花簇生苞腋，遍布全株，花梗顶端具关节，花被裂片绿色，边缘白色或淡红色；雄蕊8枚，花药黄色；雌蕊子房三棱形，花柱3枚。瘦果3棱状卵形，黑褐色，表面具成行的瘤状突起，包于宿存花被内。花期5—7月，果期6—8月。

生境与分布：生于湖滩、沼泽及湿地。分布于卢集镇高湖村、西周村、新庄嘴村，裴圩镇黄码河入湖口，龙集镇袁庄村、小丁庄村，临淮镇蚕桑场三组、二河村，老子山镇小兴滩村，官滩镇武小圩村、东嘴村，等等。全国均有分布。

价值与应用：全草入药，味苦，性凉，具有利尿通淋、杀虫、止痒之功效，用于治疗膀胱热淋、小便短赤、淋漓涩痛、皮肤湿疹、阴痒、带下等症。

习见蓼 *Polygonum plebeium* R. Br.

俗名：铁马鞭、铁马齿苋、小萹蓄

分类学地位：蓼科萹蓄属

关键识别特征：一年生草本。茎基部多分枝，平卧、斜升或直立。单叶互生，叶片长椭圆形，托叶鞘膜质，白色，顶端撕裂。花簇生于苞腋，遍布全株，花梗中部具关节；花被裂片绿色，边缘白色或淡红色；雄蕊5枚，花药紫红色；雌蕊子房卵状三棱形或扁平，花柱3或2枚。瘦果三棱状或双凸状宽卵形，表面光滑，包于宿存花被内。花期5—8月，果期6—9月。

生境与分布：生于湖滩、沼泽及湿地。分布于裴圩镇黄码河入湖口、龙集镇东嘴村、袁庄村、张嘴村，老子山镇马浪岗村、王桥圩村，蒋坝镇头河滩村，等等。除西藏外，全国各省份广布。

价值与应用：全草入药，具有利水通淋、化浊杀虫之功效，用于治疗恶疮疥癣、淋浊、蛔虫病等病症。

○酸模叶蓼 *Persicaria lapathifolia*（L.）S. F. Gray

俗名：大马蓼

分类学地位：蓼科蓼属

关键识别特征：一年生草本。茎直立，基部分枝，平卧或斜升，节膨大。沉水时节间膨大成藕状，通气组织发达。单叶互生，叶片披针状卵形，上面具黑褐色斑块；托叶鞘膜质，筒状，鞘口平截，无缘毛。穗状花序下垂，花簇生苞腋，花被裂片4枚，红色或白色；雄蕊6枚，花药白色；雌蕊子房双凸状卵形，花柱2枚。瘦果包在宿存花被内，表面近光滑。花期6—8月，果期7—9月。

生境与分布：生于湖滩、沼泽、湿地。洪泽湖各地均有分布。我国各省份广布。

价值与应用：全草入药，味辛，性温，具有利湿解毒、消肿、止痒之功效；果实具有利尿之功效，可治水肿和疮毒症；开花前幼嫩茎叶多汁，是良好的猪饲料，牛、羊也喜食，属中等饲草；种子含淀粉，是很好的精饲料，各种畜禽均喜食。

○密毛酸模叶蓼 *Persicaria lapathifolia*（L.）S. F. Gray var. *lanata*（Roxb.）Hara

分类学地位：蓼科蓼属

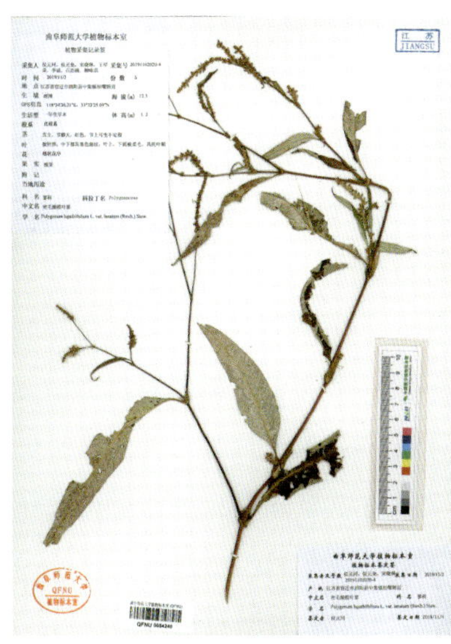

关键识别特征：一年生草本，密被白色绵毛。茎直立，具分枝，节膨大。单叶互生，叶片披针状卵形，上面具黑褐色斑块；托叶鞘膜质，筒状，鞘口平截，无缘毛。穗状花序生枝端，下垂，花簇生苞腋，花被裂片4枚，红色或白色；雄蕊6枚，花药白色；雌蕊子房双凸状卵形，花柱2枚。瘦果包在宿存花被内，表面近光滑。花期6—8月，果期7—9月。

生境与分布：生于湖滩、沼泽及湿地。卢集镇西周村，龙集镇东嘴村，洪泽湖湿地国家级自然保护区，老子山镇小兴滩村、王桥圩村，蒋坝镇头河滩村，等等，均有分布。国内分布于华南、华东、西南等地区。

价值与应用：全草入药，味辛，性温，具利湿解毒、消肿、止痒之功效；果实具有利尿之功效，可治水肿和疮毒症；开花前幼嫩茎叶多汁，是良好的猪饲料，牛、羊也喜食，属中等饲草；种子含淀粉，是很好的精饲料，各种畜禽均喜食。

○绵毛酸模叶蓼 *Persicaria lapathifolia*(L.) S. F. Gray var. *salicifolia*(Sibth.)Miyabe

俗名：柳叶蓼

分类学地位：蓼科蓼属

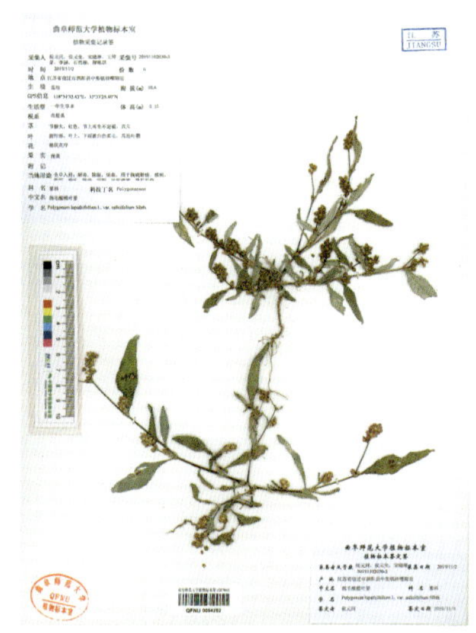

关键识别特征：一年生草本。茎直立，基部分枝，节膨大。单叶互生，叶片披针状卵形，上面具黑褐色斑块，叶下密生白色绵毛。托叶鞘膜质，筒状，鞘口平截，无缘毛。穗状花序生枝端，下垂，花簇生苞腋，花被裂片4枚，红色或白色；雄蕊6枚，花药白色；雌蕊子房双凸状卵形，花柱2枚。瘦果包在宿存花被内，表面近光滑。花期6—8月，果期7—9月。

生境与分布：生于湖滩、沼泽及湿地。卢集镇高湖村、高良涧街道洪祥村等地有分布。国内分布于华南、华东、西南等地区。

价值与应用：全草入药，味辛，性温，具利湿解毒、消肿、止痒之功效；果实具有利尿之功效，可治水肿和疮毒症；开花前幼嫩茎叶多汁，是良好的猪饲料，牛、羊也喜食，属中等饲草；种子含淀粉，是很好的精饲料，各种畜禽均喜食。

○两栖蓼 *Persicaria amphibia* (L.) S. F. Gray

分类学地位：蓼科蓼属

关键识别特征：多年生草本。根状茎横走。生于水中者：茎无毛，节部生不定根。叶长圆形，浮于水面，基部近心形；托叶鞘筒状，薄膜质，顶端截形，鞘口无缘毛；生于陆地者：茎直立，单一或基部分枝，叶披针形，顶端急尖，基部近圆形，两面被短硬伏毛，边缘全缘，具缘毛；托叶鞘筒状，膜质，鞘口具缘毛。穗状花序生枝顶，直立；花被裂片5枚，长椭圆形，淡红色或白色。瘦果近球形，双凸状，黑色，有光泽，包于宿存花被内。花期7—8月，果期8—9月。

生境与分布：生于湖滩湿地及浅水处。双沟镇双淮村、洪泽湖湿地国家级自然保护区、瑶沟乡陈圩村南老濉河与新汴河交汇处等地有分布。国内分布于东北、华北、西北、华东、华中和西南等地区。

价值与应用：该植物适合栽种，能够较好地适应池塘边缘水位的变化，用于水体生态修复；全草入药，内服治疗痢疾，外用治疗疔疮。

○水蓼 *Persicaria hydropiper*（L.）Spach

俗名：辣蓼

分类学地位：蓼科蓼属

关键识别特征：一年生草本。茎直立，基部分枝，节膨大，节基部红色。单叶互生，叶片披针形，具钝尖，采之咀嚼有辣味；托叶鞘膜质，鞘口平截，具缘毛。穗状花序生枝端，下垂，花较稀疏；花被裂片5枚，绿色或边缘红色，表面密被腺点；雄蕊6枚，花药白色；雌蕊子房三棱状卵形，花柱3枚。瘦果三棱状卵形，包在宿存花被内。花期5—9月，果期6—10月。

生境与分布：生于湖滩湿地。龙集镇东嘴村等地有分布。国内分布于南北各地。

价值与应用：全草入药，具祛风利湿、散瘀止痛、解毒消肿、杀虫止痒之功效，常用于痢疾、胃肠炎、腹泻、风湿关节痛、跌打肿痛、功能性子宫出血等病症的治疗；外用于治疗毒蛇咬伤、皮肤湿疹等症；古代为常用调味剂。

○红蓼 *Persicaria orientalis* (L.) Spach

俗名：荭草、东方蓼、狗尾巴花

分类学地位：蓼科蓼属

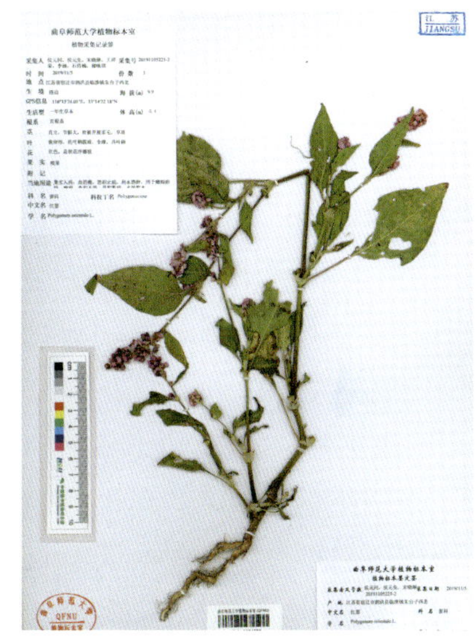

关键识别特征： 一年生草本。茎直立，较粗壮，多分枝，密被开展长柔毛。单叶互生，叶片宽卵形，基部心形；托叶鞘膜质，筒状，具长缘毛，沿顶端具绿色草质翅。穗状花序生枝顶，下垂；花被裂片红色、淡红色或白色；雄蕊7枚，花药白色；雌蕊子房扁卵形，花柱2枚。瘦果双凹状扁卵形，包于宿存花被内。花期6—9月，果期8—10月。

生境与分布： 生于湖岸沼泽及湿地。龙集镇东嘴村、小丁庄村，城头乡朱台子村，洪泽湖湿地国家级自然保护区，老子山镇剪草沟村，等等，均有分布。除西藏外，广布于全国各地。

价值与应用： 花色艳丽，用于河湖湿地绿化；茎叶入药，味辛，性平，有小毒，具祛风除湿、清热解毒、活血、截疟之功效，主治风湿痹痛、痢疾、腹泻、吐泻转筋、水肿、脚气、痈疮疔疖、蛇虫咬伤、小儿疳积疝气、跌打损伤、疟疾等病症；果实入药，具有活血、止痛、消积、利尿之功效。

○长鬃蓼 *Persicaria longiseta*(Bruijn)Moldenke

分类学地位：蓼科蓼属

关键识别特征：一年生草本。茎直立，基部多分枝，节膨大，下部平卧，节上生不定根。单叶互生，叶片披针形，基部楔形；托叶鞘膜质，筒状，鞘口平截，具长缘毛。穗状花序基部稀疏，花簇生于苞腋；花被裂片5枚，粉红色；雄蕊6～8枚，花药白色；雌蕊子房三棱状卵形，花柱3枚。瘦果三棱状卵形，表面光滑，包于宿存花被内。花期6—8月，果期7—9月。

生境与分布：生于湖滩、沼泽及湿地。分布于裴圩镇黄码河入湖口、龙集镇小丁庄村、城头乡朱台子村、老子山镇小兴滩村等地。除新疆外，我国各省份均有分布。

价值与应用：用于湖边湿地绿化；全草入药，具有活血祛瘀、消肿止痛之功效。

○圆基长鬃蓼 *Persicaria longiseta* (Bruijn) Moldenke var. *rotundata* (A. J. Li) Q. X. Liu

分类学地位：蓼科蓼属

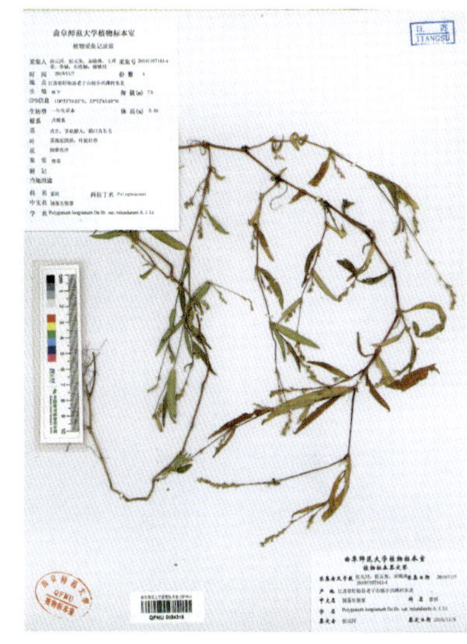

关键识别特征：一年生草本。茎直立，基部多分枝。单叶互生，叶片披针形，基部圆形；托叶鞘膜质，筒状，鞘口平截，具长缘毛。穗状花序基部稀疏，花簇生于苞腋；花被裂片5枚，粉红色；雄蕊6～8枚，花药白色；雌蕊子房三棱状卵形，花柱3枚。瘦果三棱状卵形，表面光滑，包于宿存花被内。花期6—8月，果期7—9月。

生境与分布：生于湖滩、沼泽及湿地。分布于裴圩镇黄码河入湖口、龙集镇小丁庄村、城头乡朱台子村、老子山镇小兴滩村等地。除新疆外，我国各省份均有分布。

价值与应用：用于湖边湿地绿化；全草入药，具有活血祛瘀、消肿止痛之功效。

丛枝蓼 *Persicaria posumbu* (Buch.-Ham. ex D. Don) H. Gross

俗名：长尾叶蓼

分类学地位：蓼科蓼属

关键识别特征：一年生草本。茎基部多分枝，斜升或直立，丛生。单叶互生，叶片卵状披针形，顶端具尾尖；托叶鞘筒状，鞘口平截，边缘具长缘毛。穗状花序生枝端，下垂，花稀疏；花被裂片5枚，淡红色，雄蕊8枚，花药白色；雌蕊子房三棱状卵形，花柱3枚。瘦果三棱状卵形，表面光滑，包于宿存花被内。花期6—9月，果期7—10月。

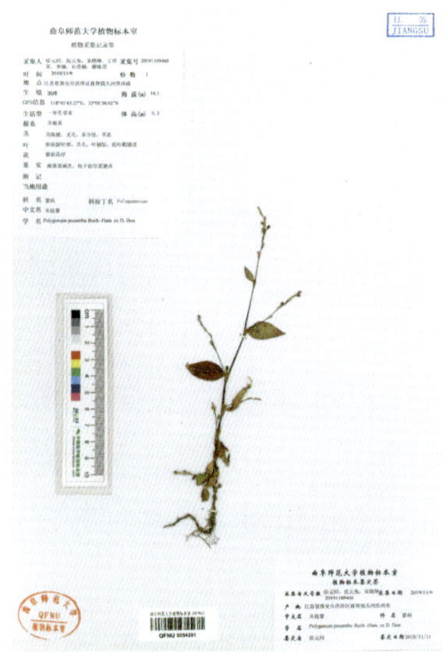

生境与分布：生于湖滩湿地。蒋坝镇头河滩村等地有分布。我国西北、东北、华东、华中、华南及西南等地区也有分布。

价值与应用：全草入药，治疗腹痛泄泻及急性细菌性痢疾等病症。

○杠板归 *Persicaria perfoliata*（L.）H. Gross

俗名：刺犁头、贯叶蓼、蛇倒退、扛板归

分类学地位：蓼科蓼属

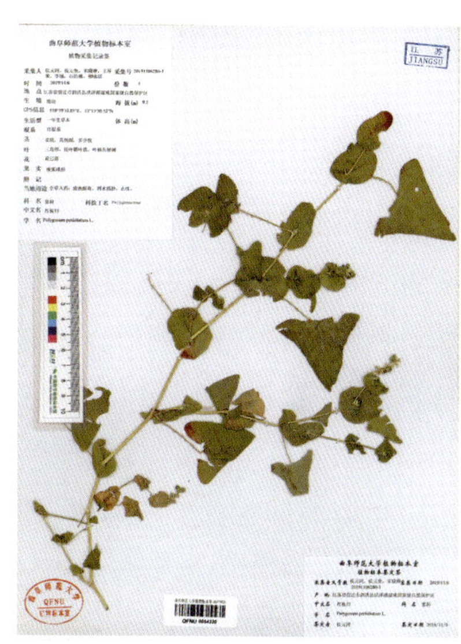

关键识别特征：一年生草本。茎攀援，多分枝，沿棱具倒刺。单叶互生，叶片三角状心形，盾状着生，叶下面沿脉具倒刺，叶柄较长，具倒刺；托叶鞘圆形叶状，抱茎。穗状花序生枝顶，直立。花被裂片5枚，淡绿色；雄蕊8枚，花药白色；雌蕊子房三棱状卵形，花柱3枚。瘦果近球形，黑色，光滑，包于宿存蓝色肉质花被内。

生境与分布：生于湖滩湿地。卢集镇西周村，洪泽湖湿地国家级自然保护区，老子山镇剪草沟村、小兴滩村，等等，均有分布。除新疆、西藏外，我国各省份广布。

价值与应用：茎叶入药，具有清热解毒、利水消肿之功效，可治蛇虫咬伤。

○ 齿果酸模 *Rumex dentatus* L.

分类学地位：蓼科酸模属

关键识别特征：一年生草本。茎直立，多分枝。单叶互生，叶片长圆形，有酸味；托叶鞘膜质，筒状。花簇轮生苞腋，花轮间断，组成顶生圆锥花序。花被片果期宿存，外轮3枚，小，长圆形；内轮3枚，三角状，果期膨大，网纹明显，全部中间具小瘤，边缘具4～5枚刺状齿；雄蕊6枚；雌蕊子房三棱状卵形，花柱3枚。瘦果三棱状卵形，具3锐棱，包于宿存花被内。花期5—6月，果期6—7月。

生境与分布：生于湖滩、沼泽及湿地。洪泽湖区域分布甚广。国内分布于华北、西北、华东、华中、西南等地区。

价值与应用：叶入药，具有去毒清热之功效，用于治疗乳房红肿等病症。

黑龙江酸模 *Rumex amurensis* Fr. Schm. ex Maxim.

分类学地位：蓼科酸模属

关键识别特征： 一年生草本。高20～35 厘米。茎直立，基部多分枝。单叶互生，下部者长圆形，上部者线状披针形；托叶鞘膜质，筒状，早落。花簇轮生苞腋，组成顶生穗状花序。花被片宿存，外轮3片，小，椭圆形；内轮3片，卵形，果期膨大，网纹明显，全部具小瘤；仅1片每边缘具2长针刺，另2片边缘具小齿或无；雄蕊6枚；雌蕊子房三棱状卵形，花柱3枚，柱头画笔状。瘦果三棱状椭球形，包在宿存花被内。花期5—6月，果期6—7月。

生境与分布： 生于湖滩湿地及沼泽。分布于龙集镇张嘴村、小丁庄村，洪泽湖湿地国家级自然保护区，高良涧街道洪祥村，蒋坝镇头河滩村等。国内分布于河北、河南、山东、江苏和安徽等省份。

价值与应用： 全草及嫩芽入药，有毒，具有凉血止血、泄热通便、杀虫止痒之功效。

刺酸模 *Rumex maritimus* L.

分类学地位：蓼科酸模属

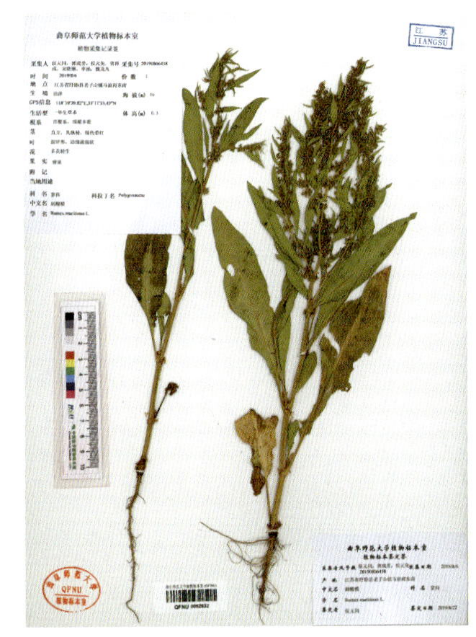

关键识别特征： 一年生草本，高约60厘米。茎直立，中下部多分枝。单叶互生，叶片宽披针形，托叶鞘膜质，早落。花簇轮生苞腋，组成圆锥花序；花被片宿存，外轮3枚，小，椭圆形；内轮3枚，果期增大，三角状卵形，外面中央具卵形小瘤，每边缘具2～3枚针刺；雄蕊6枚；雌蕊子房三棱状卵形，花柱3枚，柱头画笔状。瘦果黄褐色，三棱状卵形，表面光滑，包于宿存花被内。花期5—6月，果期6—7月。

生境与分布： 生于湖滩、沼泽及湿地。卢集镇高湖村，裴圩镇黄码河入湖口，龙集镇东嘴村、小丁庄村，太平镇倪庄村，临淮镇二河村，城头乡朱台子村，老子山镇马浪岗村、剪草沟村，高良涧街道洪祥村，蒋坝镇头河滩村等地有分布。国内分布于东北、华北等地区以及陕西、新疆等省份。

价值与应用： 全草及嫩芽入药，有毒，具有凉血止血、泄热通便、杀虫止痒之功效。

长刺酸模 *Rumex trisetifer* Stokes

分类学地位：蓼科酸模属

关键识别特征：一年生草本，高30～120厘米。茎直立，多分枝。单叶互生，叶片狭长圆形，托叶鞘早落。花簇轮生于苞腋，组成圆锥花序；花被片宿存，外轮3枚，小，椭圆形；内轮3枚，果期增大，三角状卵形，全部具小瘤，边缘中央各具1枚长刺；雄蕊6枚；雌蕊子房三棱状卵形，花柱3枚，柱头画笔状。瘦果黄褐色，三棱状椭球形，表面光滑，包于宿存花被内。花期5—6月，果期6—7月。

生境与分布：生于湖滩、沼泽及湿地。分布于卢集镇高湖村，太平镇倪庄村，临淮镇蚕桑场三组、二河村，城头乡朱台子村，等等。国内分布于华中、华东、华南、西南等地区。

价值与应用：全草入药，味甘、微苦，性凉，具有清热凉血、解毒杀虫之功效，用于治疗肺痨咯血、痈疮肿疼、秃疮疥癣、皮肤瘙痒、跌打肿痛、痔疮出血等病症。

○巴天酸模 *Rumex patientia* L.

俗名：老牛舌头

分类学地位：蓼科酸模属

关键识别特征：多年生草本。根粗壮。茎直立，有分枝。单叶互生，叶片长圆状卵形，边缘皱波状；托叶鞘筒状，膜质，易破裂。花簇密集轮生，组成圆锥花序；花被片果期宿存，外轮者小，椭圆形；内轮者果时增大，宽心形，具网纹，边缘近全缘；雄蕊6枚；雌蕊子房三棱状卵形，花柱3枚，柱头画笔状。瘦果褐色，三棱状卵形，表面光滑，包于宿存花被内。花期5—6月，果期6—7月。

生境与分布：生于湖滩湿地。分布于龙集镇东嘴村、张嘴村，官滩镇武小圩村、蒋坝镇头河滩村，等等。我国东北、华北、西北地区，以及山东、河南、湖南、湖北、四川及西藏等省份有分布。

价值与应用：根入药，味苦、酸，性寒，有小毒，具有凉血止血、清热解毒、通便杀虫之功效，用于治疗痢疾、泄泻、肝炎、跌打损伤、大便秘结、痈疮疥癣等病症。

羊蹄 *Rumex japonicus* Houtt.

分类学地位：蓼科酸模属

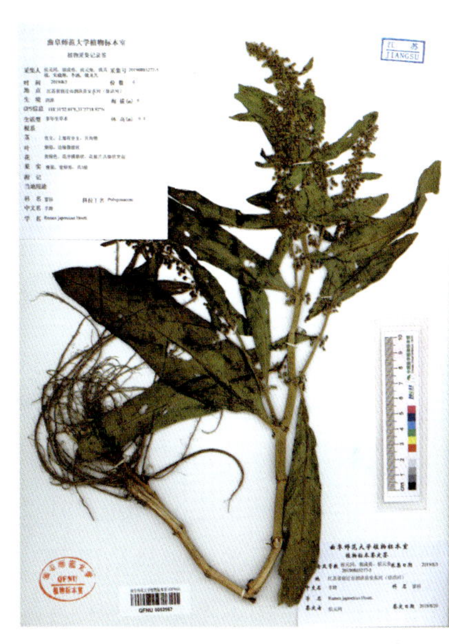

关键识别特征：多年生草本。根粗壮，黄色。茎直立，少分枝。单叶互生，叶片披针状长圆形，边缘皱波状；托叶鞘膜质，筒状，易破裂。花簇密集轮生，组成圆锥花序；花被片果期宿存，外轮者小，椭圆形；内轮者果时增大，心形，具网纹，边缘具不规则小齿；雄蕊6枚；雌蕊子房三棱状卵形，花柱3枚，柱头画笔状。瘦果暗褐色，三棱状宽卵形，表面光滑，包于宿存花被内。花期5—6月，果期6—7月。

生境与分布：生于湖滩沼泽、湿地。分布于卢集镇高湖村，龙集镇东嘴村、袁庄村、小丁庄村，太平镇倪庄村，城头乡朱台子村，老子山镇小兴滩村、王桥圩村，官滩镇武小圩村、东嘴村，高良涧街道洪祥村，等等。除青藏、新疆及西南地区外，其他各省份均有分布。

价值与应用：根入药，具有清热凉血之功效。

石竹科 Caryophyllaceae

○ 鹅肠菜 *Myosoton aquaticum*（L.）Moench

俗名：牛繁缕

分类学地位：石竹科鹅肠菜属

关键识别特征：二年生或多年生草本。茎基部多分枝，匍匐或斜升，节上生不定根。单叶对生，叶片卵形或宽卵形；下部叶具柄，柄向上渐短。二歧聚伞花序顶生或腋生；花小，花瓣5枚，白色，2深裂至近基部，裂片细长；雄蕊10枚；雌蕊花柱5枚。蒴果卵球形，稍长于宿萼；种子近肾形。花期5—6月，果期6—8月。

生境与分布：生于湖边低湿处和水沟旁。洪泽湖区域均有分布，国内分布于南北各省份。北半球温带、亚热带以及北非也有分布。

价值与应用：全草入药，具有祛风解毒之功效，外敷治疥疮；幼苗可作野菜和饲料。

无心菜 *Arenaria serpyllifolia* L.

俗名：鹅不食草

分类学地位：石竹科无心菜属

关键识别特征：一年生或二年生草本。茎基部分枝，丛生，直立或铺散，密生白色短柔毛。单叶对生，叶片卵形。二歧聚伞花序顶生或腋生，具多花；花小，萼片5枚，卵状披针形；花瓣5枚，白色，倒卵形，全缘；雄蕊10枚；雌蕊子房卵形，花柱3枚。蒴果卵形，与宿萼等长，顶端6裂。种子小，肾形，表面粗糙，淡褐色。花期4—6月，果期5—7月。

生境与分布：生于湖岸湿地及湖滩浅水。卢集镇高湖村等地有分布。国内产于南北各省份。

价值与应用：全草入药，具有清热解毒之功效，治麦粒肿和咽喉痛等病症。

○ 繁缕 *Stellaria media*（L.）Vill.

俗名：鸡儿肠

分类学地位：石竹科繁缕属

关键识别特征：一年生或二年生草本。茎基部多分枝，直立，斜升或铺散，节上生不定根。单叶对生，叶片宽卵形。聚伞花序顶生或腋生；花小，萼片5枚，卵状披针形，先端钝圆；花瓣5枚，白色，顶端2深裂至近基部，裂片宽短；雄蕊3～5枚，短于花瓣；花柱3枚，线形。蒴果卵形，顶端6裂，具多数种子。种子卵形至近球形，稍扁，红褐色，表面具半球形瘤状突起。花期6—7月，果期7—8月。

生境与分布：生于湖岸滩涂湿地。龙集镇张嘴村、半城镇南侧团结河入湖口处等地有分布。全国广布。

价值与应用：茎、叶及种子入药，具有清热解毒、凉血消痈、活血止痛、下乳之功效；嫩苗可作蔬菜食用。

苋科 Amaranthaceae

○土荆芥 *Dysphania ambrosioides* (L.) Mosyakin et Clemants

俗名：杀虫芥、臭草、鹅脚草

分类学地位：苋科腺毛藜属，原隶属于藜科

关键识别特征：一年生或多年生草本，有强烈香味。茎直立，多分枝。单叶互生，叶片矩圆状披针形，边缘具不整齐锯齿。花两性及雌性，常3～5枚团集，生于上部叶腋，组成穗状或圆锥状花序；花被常5裂，淡绿色，果时常闭合；雄蕊5枚；花柱不明显，柱头3～4枚，丝状。胞果扁球形，包于宿存花被内。种子黑色或暗红色，平滑，有光泽，边缘钝。花期和果期都很长。

生境与分布：生于湖边沼泽及湿地。裴圩镇黄码河入湖口，龙集镇东嘴村、张嘴村，等等，均有分布。原产于美洲热带地区。我国南方多个省份有野生分布，北方主要以栽培为主。外来入侵植物。

价值与应用：全草入药，治蛔虫病、钩虫病、蛲虫病，外用治皮肤湿疹，并能杀蛆虫；果实含挥发油（土荆芥油），油中含驱蛔素是驱虫有效成分。

○ 灰绿藜 *Oxybasis glauca*（L.）S. Fuentes, Uotila et Borsch

分类学地位：苋科红叶藜属，原隶属于藜科

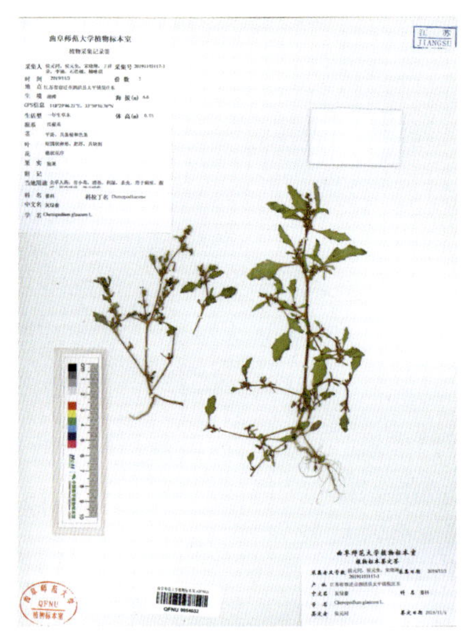

关键识别特征： 一年生草本。茎基部分枝，平卧或斜升，常红色。单叶互生，叶片肉质，矩圆状卵形，边缘具缺刻状牙齿，背面灰绿色。花两性兼雌性，通常数花团集，再形成穗状或圆锥花序；花被裂片3～4枚，浅绿色，稍肥厚，倒卵状披针形；雄蕊1～2枚，花药球形；柱头2枚，极短。胞果顶端露出于宿存花被外。种子扁球形，暗褐色或红褐色，表面有细点纹。花果期5—10月。

生境与分布： 生于湖滩沼泽及湿地。卢集镇新庄嘴村，裴圩镇黄码河入湖口，龙集镇东嘴村、张嘴村，太平镇倪庄村，等等，均有分布。我国除南方部分地区外，各地均有分布。

价值与应用： 全草入药，有小毒，具有清热、利湿、杀虫之功效。

○小藜 *Chenopodium ficifolium* Smith

俗名：灰菜、灰灰菜

分类学地位：苋科藜属，原隶属于藜科

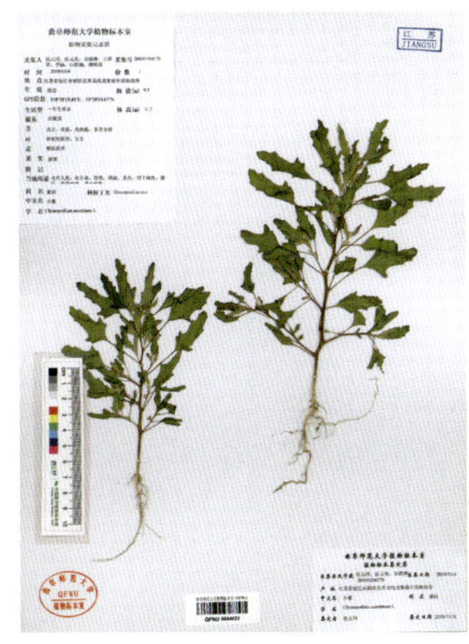

关键识别特征：一年生草本，被泡状毛。茎直立，具棱，多分枝。单叶互生，叶片狭卵状矩圆形，三浅裂；中裂片两边近平行，边缘锯齿波浪状。花两性，数枚团集，排列于上部的枝上形成较开展的顶生圆锥花序；花被近球形，5深裂，裂片宽卵形，不开展，背面具微纵隆脊并有密粉；雄蕊5枚，开花时外伸；柱头2枚，丝状。胞果包于宿存花被内。种子黑色。4—5月开始开花。

生境与分布：生于湖滩、沼泽及湿地。卢集镇西周村、龙集镇东嘴村、城头乡朱台子村等地有分布。除西藏外，我国各省份均有分布。

价值与应用：全草入药，具有疏风清热、祛湿解毒、杀虫之功效，主要治疗风热感冒、腹泻痢疾、疮疡肿毒等病症。

○ 藜 *Chenopodium album* L.

俗名：灰藋、灰菜、灰灰菜

分类学地位：苋科藜属，原隶属于藜科

关键识别特征：一年生草本，被泡状毛。茎直立，粗壮，具色条；多分枝。单叶互生，叶片菱状卵形，边缘具锯齿。花两性；常数枚团集，于枝上部组成穗状或圆锥状花序；花被扁球形或球形，5深裂，裂片宽卵形或椭圆形，背面具纵脊，先端钝或微凹，边缘膜质；雄蕊5枚，外伸；柱头2枚。种子黑色，双凸形，有光泽。花果期5—10月。

生境与分布：生于湖岸湿地。卢集镇西周村、新庄嘴村，裴圩镇黄码河入湖口，龙集镇东嘴村、张嘴村，老子山镇小兴滩村，官滩镇武小圩村、东嘴村，等等，均有分布。全国广布。

价值与应用：全草入药，具有清热祛湿、解毒消肿、杀虫止痒之功效，主治发热、咳嗽、痢疾等病症。

莲子草 *Alternanthera sessilis*（L.）R. Br. ex DC.

俗名：满天星、虾钳菜

分类学地位：苋科莲子草属

关键识别特征：多年生草本。茎基部多分枝，上升或匍匐，有柔毛。单叶对生，叶形多变，叶片条状披针形、矩圆形、倒卵形、卵状矩圆形等。头状花序1～4枚，初为球形，后渐成圆柱形，腋生，无总花梗；花轴密生白色柔毛，苞片及小苞片白色；花被片卵形；雄蕊3枚，花药椭球形；退化雄蕊三角状钻形，短于雄蕊；雌蕊子房倒心形，花柱极短，柱头短裂。胞果倒心形，深褐色，包于宿存花被内。种子卵球形。花期5—7月，果期7—9月。

生境与分布：生于湖滩及湖边浅水。分布于卢集镇西周村、新庄嘴村，龙集镇袁庄村、小丁庄村，太平镇倪庄村，临淮镇蚕桑场三组，城头乡朱台子村，洪泽湖湿地国家级自然保护区，老子山镇马浪岗村，官滩镇东嘴村，高良涧街道洪祥村，蒋坝镇头河滩村，等等。国内分布于南方地区。

价值与应用：全草入药，有散瘀消毒、清火退热之功效，治疗牙痛、痢疾、肠风等病症。

空心莲子草 *Alternanthera philoxeroides*（Mart.）Griseb.

俗名：喜旱莲子草、水花生

分类学地位：苋科莲子草属

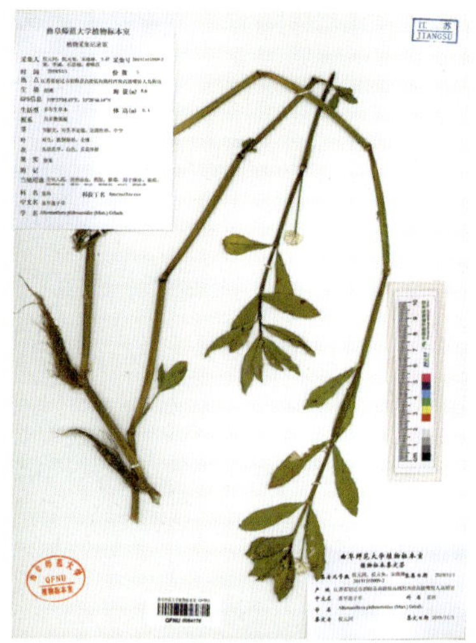

关键识别特征：多年生草本。茎基部分枝，匍匐、斜升或直立，中空，老时无毛。单叶对生，叶形多变，叶片矩圆形、矩圆状倒卵形或倒卵状披针形。头状花序球形，单生叶腋，具花序梗；花密生，苞片及小苞片白色；花被片矩圆形，白色；雄蕊花丝基部连合成杯状；退化雄蕊矩圆状条形，和雄蕊约等长，顶端裂成窄条；雌蕊子房倒卵形，具短柄。果实未见。花期5—10月。

生境与分布：生于湖边水中或湿地。洪泽湖各地均有分布。原产于巴西，作为马饲料引入我国，后逸生。2023年1月1日起，被列入《重点管理外来入侵物种名录》。

价值与应用：植物体能够吸收富集重金属，去除总氮和氨氮；全草入药，有清热利水、凉血解毒作用；幼嫩茎叶亦可作饲料。

皱果苋 *Amaranthus viridis* L.

俗名：绿苋

分类学地位：苋科苋属

关键识别特征：一年生草本。茎直立，具分枝。单叶互生，叶片近卵形，上面常横生V形白斑，先端尖凹或凹缺，稀圆钝，具芒尖。穗状圆锥花序顶生，圆柱形，细长；花被片长圆形或宽倒披针形；雄蕊较花被片短；柱头（2）3枚。胞果扁球形，绿色，果皮皱缩，露出宿存花被外。种子球形，黑色。花期6—8月，果期8—10月。

生境与分布：生于湖滩沼泽及湿地。卢集镇西周村，裴圩镇黄码河入湖口，龙集镇东嘴村、袁庄村、张嘴村，太平镇倪庄村，临淮镇二河村，城头乡朱台子村，老子山镇马浪岗村、小兴滩村，官滩镇东嘴村，蒋坝镇头河滩村，等等，均有分布。除青藏、新疆等地外，全国各省份广布。

价值与应用：全草可入药，具清热解毒、利尿止痛等作用。

○凹头苋 *Amaranthus blitum* L.

俗名：野苋

分类学地位：苋科苋属

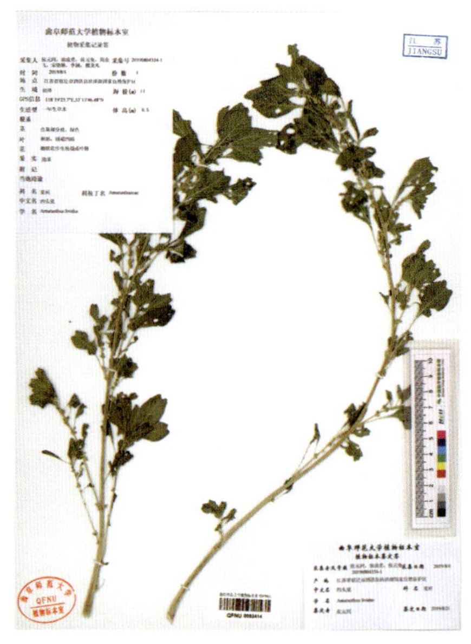

关键识别特征：一年生草本。茎基部分枝，伏卧或斜升。单叶互生，叶片卵形或菱状卵形，先端凹陷，具芒尖。花簇腋生，生于茎端及枝端者成直立穗状或圆锥花序；花被片长圆形，淡绿色；雄蕊较花被片稍短；柱头（2）3枚。胞果扁卵形，近平滑，露出宿存花被外。种子球形，黑色或黑褐色。花期7—8月，果期8—9月。

生境与分布：生于沼泽、湖滩及湿地。裴圩镇黄码河入湖口，龙集镇东嘴村、小丁庄村，洪泽湖湿地国家级自然保护区，老子山镇马浪岗村，蒋坝镇头河滩村，等等，均有分布。除内蒙古、宁夏、青海、西藏外，全国各省份广泛分布。

价值与应用：全草入药，具有缓和止痛、收敛利尿、解热之功效；种子入药，具有明目利便、去寒热之功效；鲜根入药，具有清热解毒之功效。

合被苋 *Amaranthus polygonoides* L.

俗名：泰山苋

分类学地位：苋科苋属

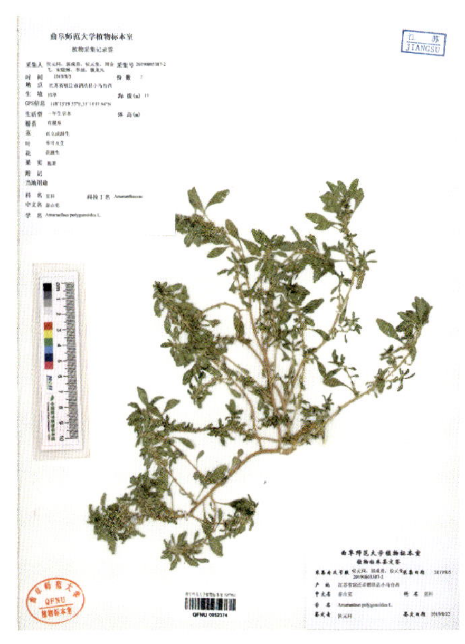

关键识别特征：一年生草本。茎基部多分枝，直立或斜升。单叶互生，叶片倒披针形至菱状卵形，上面中央横生一条白色斑带。花簇腋生，花单性，雌花、雄花混生，花被片绿白色；雄花花被片长椭圆形，仅基部连合，雄蕊2（3）枚；雌花被裂片匙形，先端急尖，下部约1/3合生成筒状，宿存并呈海绵质，雌蕊柱头2～3裂。胞果椭球形。种子红褐色。花果期9—10月。

生境与分布：生于湖岸湿地。城头乡朱台子村等地有分布。原产于美国、墨西哥。20世纪70年代末在山东泰安首次发现，常随作物种子、带土苗木和草皮扩散，蔓延速度较快，现已经散布到安徽、北京、江苏、上海、浙江等省份。

价值与应用：幼嫩茎叶可作蔬菜食用。

薄叶苋 *Amaranthus tenuifolius* Willd.

分类学地位：苋科苋属

关键识别特征：一年生草本。茎基部分枝，匍匐或斜升，近肉质。单叶互生，叶片倒披针形。花单性，雄花和雌花混生，簇生叶腋，形成1枚短的直立的穗状花序；雄花数目少，花被片2枚，舟形，膜质，其中1片较大，雄蕊 2枚；雌花无花被片，仅有1绿色小苞片，雌蕊柱头3枚，细弱。胞果倒卵形，具棱。种子双凸状球形，中间黑褐色，周边褐色。花果期8—10月。

生境与分布：生于湖滩沼泽及湿地。裴圩镇黄码河入湖口，龙集镇东嘴村、袁庄村、张嘴村、小丁庄村，临淮镇蚕桑场三组，洪泽湖湿地国家级自然保护区，高良涧街道洪祥村，蒋坝镇头河滩村等地有分布。国内分布于山东微山湖及泗河流域。

价值与应用：幼嫩茎叶可作蔬菜食用；该种可用于河滩生态修复。

○刺苋 *Amaranthus spinosus* L.

俗名：竻苋菜、勒苋菜

分类学地位：苋科苋属

关键识别特征：一年生草本。茎直立，紫红色，基部分枝，有纵条纹。单叶互生，叶片菱状卵形，叶柄基部两侧各生1刺；穗状花序排列成圆锥状，下部顶生花穗全部为雄花，在腋生花簇及顶生花穗基部的苞片退化为刺；花被片绿色，顶端急尖，雄蕊花丝和花被片等长或较短；雌蕊柱头3枚，有时2枚。胞果矩圆形，不规则横裂；种子近球形，黑色或带棕黑色。花果期7—11月。

生境与分布：生于湖岸湿地及路边。裴圩镇黄码河入湖口、龙集镇东嘴村等地有分布。国内分布于华中、华东、华南、西南等地区。原产于美洲热带地区。2010年1月7日被列入《中国第二批外来入侵物种名单》，2023年1月1日起，被列入《重点管理外来入侵物种名录》。

价值与应用：全草入药，具有清热解毒、散血消肿之功效；幼嫩茎叶可作蔬菜食用。

○青葙 *Celosia argentea* L.

俗名：野鸡冠花

分类学地位：苋科青葙属

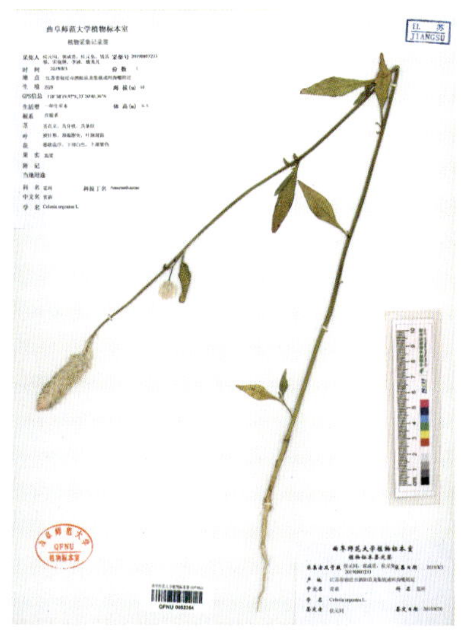

关键识别特征：一年生草本。茎直立，有分枝。单叶互生，叶片卵状披针形。穗状花序塔形或圆柱状，生茎顶或枝端；花被片初为白色，顶端带红色，或全部粉红色；雄蕊花丝细长，花药紫色；雌蕊花柱紫色。胞果卵形，包裹在宿存花被内。种子凸透镜状肾形，黑色或红黑色。花期5—8月，果期6—10月。

生境与分布：生于湖滩、沼泽及湿地。卢集镇西周村，龙集镇东嘴村、张嘴村，太平镇倪庄村，老子山镇王桥圩村，官滩镇武小圩村，蒋坝镇头河滩村，等等，均有分布。我国各省份广布。

价值与应用：茎叶或根入药，味苦，性寒，具有燥湿清热、杀虫止痒、凉血止血之功效，常用于治疗湿热带下、小便不利、尿浊、泄泻、阴痒、疮疥、风瘙身痒、痔疮、衄血、创伤出血等病症；种子入药，具有清热明目之功效；全草可观赏、食用以及作为饲料使用。

茜草科 Rubiaceae

鸡屎藤 *Paederia foetida* L.

俗名：鸡矢藤

分类学地位：茜草科鸡屎藤属

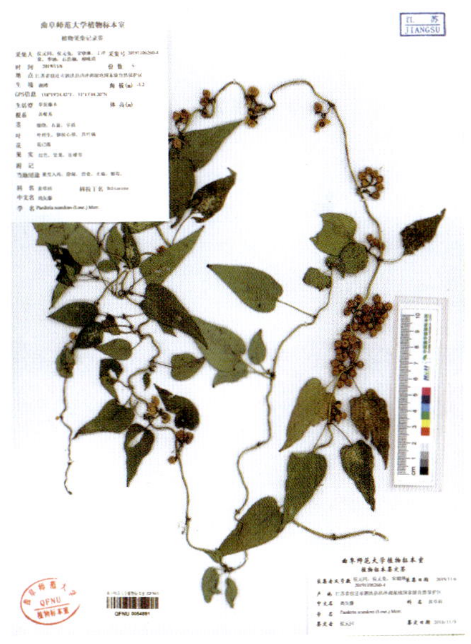

关键识别特征：木质藤本。茎缠绕。单叶对生，叶片卵形或披针形，基部圆形，有时心形，揉搓后有“鸡屎”臭味。托叶卵状三角形。圆锥花序腋生或顶生，花冠裂片近白色，基部内面紫红色。果实球形，成熟时橙黄色，有光泽。种子浅黑色，具1阔翅。花期5—8月，果期7—11月。

生境与分布：生于湖滩、沼泽及湿地。卢集镇新庄嘴村，裴圩镇黄码河入湖口，临淮镇蚕桑场三组，洪泽湖湿地国家级自然保护区，城头乡朱台子村，老子山镇剪草沟村、小兴滩村、王桥圩村，官滩镇东嘴村，高良涧街道洪祥村，蒋坝镇头河滩村，等等，均有分布。国内分布于西北、华北、华东、华南以及西南等地区。

价值与应用：全草入药，具有祛风利湿、止痛解毒、消食化积、活血消肿之功效。

拉拉藤 *Galium spurium* L.

俗名：猪殃殃

分类学地位：茜草科拉拉藤属

关键识别特征：多枝、蔓生或攀缘草木。茎四棱，沿棱具倒刺。单叶对生，叶片带状倒披针形；叶腋内具枝或芽；托叶叶状，4～6枚，假轮生，两面常有紧贴的刺状毛。聚伞花序腋生或顶生；花4数，花梗纤细，花冠黄绿色或白色，裂片辐射状。果柄直，果干燥，有1或2枚近球状的分果爿，密被钩毛，每一果爿有1枚种子。种子平凸形。花期3—7月，果期4—11月。

生境与分布：生于鱼塘堤岸、湖岸湿地及湖滩浅水。洪泽湖区域各地多有分布。除海南及南海诸岛外，南北各地均有分布。

价值与应用：全草药用，具有清热解毒、消肿止痛、利尿、散瘀之功效，治淋浊、尿血、跌打损伤、肠痈、疖肿、中耳炎等病症。

麦仁珠 *Galium tricornutum* Dandy

分类学地位：茜草科拉拉藤属

关键识别特征：一年生草本。茎具4棱，沿棱具倒刺，少分枝。单叶对生，叶片带状倒披针形；叶腋内具枝或芽；托叶叶状，4～6枚，假轮生，两面常有紧贴的刺状毛。聚伞花序腋生；花4数，花冠白色，裂片卵形，辐状；雄蕊伸出。分果爿近球形，单生或双生，表面有小瘤状突起，果柄弓形下弯。花期4—6月，果期5至7月。

生境与分布：生于河岸湿地、鱼塘堤岸湿地及湖滩浅水。龙集镇东嘴村、临淮镇二河村、瑶沟乡陈圩村南老濉河与新汴河交汇处等有分布。国内分布于山西、陕西、甘肃、新疆、江苏、安徽、江西、河南、湖北、四川、贵州、西藏等省份。

价值与应用：全草入药，具有清热解毒、利尿消肿、活血通络之功效。

夹竹桃科 Apocynaceae

罗布麻 *Apocynum venetum* L.

俗名：茶叶花、野麻、茶棵子

分类学地位：夹竹桃科罗布麻属

关键识别特征：多年生半灌木状草本，具白色乳汁。茎直立，多分枝，枝条近红色。单叶对生，叶片长椭圆形。圆锥状聚伞花序一至多歧，花冠圆筒状钟形，紫红色，花冠裂片5枚；花盘肉质，5裂，基部与子房合生。双生蓇葖果，细长圆柱状，果皮棕褐色。种子多数，长卵形，顶生白色种毛。花期4—9月，果期7—12月。

生境与分布：生于湖滩湿地。卢集镇新庄嘴村等地有分布。国内主要分布于西北、华北、东北等地区。

价值与应用：叶入药，具有清热平肝、利水消肿之功效，主治高血压、眩晕、头痛、心悸、失眠、水肿尿少等病症。

络石 *Trachelospermum jasminoides*（Lindl.）Lem.

俗名：茉莉藤、石血

分类学地位：夹竹桃科络石属

关键识别特征：常绿木质藤本，具白色乳汁。茎赤褐色，圆柱状，以气生根附着他物生长。单叶对生，叶片卵形至披针形。聚伞花序圆锥状，顶生及腋生，花白色，芳香，裂片狭倒卵形，旋转状排列，雄蕊内藏。双生蓇葖果叉状着生，线状披针形。种子褐色，具白色绢毛。花期3—8月，果期6—12月。

生境与分布：生于湖滩湿地。蒋坝镇头河滩村等地有分布。除东北、新疆、青藏等地区外，全国广布。

价值与应用：根、茎、叶、果实入药，具有祛风活络、利关节、止血、止痛消肿、清热解毒之功效；乳汁有毒，对心脏有毒害作用。

○鹅绒藤 *Cynanchum chinense* R. Br.

俗名：祖子花

分类学地位：夹竹桃科鹅绒藤属，原隶属于萝藦科

关键识别特征：多年生草质藤本，具白色乳汁，被短柔毛。单叶对生，叶片三角状心形，叶脉白色。聚伞花序伞状，2歧分枝，花冠白色，裂片辐射状或反折，长圆状披针形；副花冠杯状，顶端具10枚丝状体，两轮；花药近菱形，顶端附属物圆形；花粉块长圆形。双生蓇葖果细长，圆柱状，紫红色。种子扁圆形，具白色绢毛。花期6—8月，果期8—10月。

生境与分布：生于湖滩湿地。卢集镇高湖村等地有分布。国内分布于东北、华北、华东、西北等地区。

价值与应用：根入药，具有祛风解毒、健胃止痛之功效，主治小儿积食。

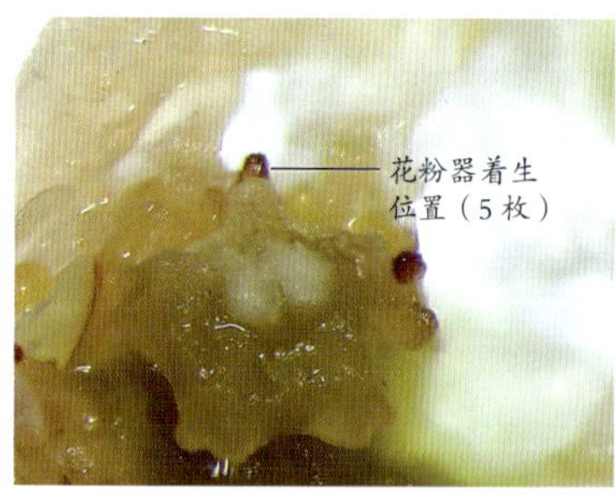

萝藦 *Cynanchum rostellatum* (Turcz.) Liede et Khanum

俗名：斫［zhuó］合子、白环藤、老鸹瓢

分类学地位：夹竹桃科鹅绒藤属，原隶属于萝藦科

关键识别特征：多年生草质藤本，具白色乳汁。茎圆柱状，上部缠绕。单叶对生，叶片卵状心形，边缘全缘。聚伞花序具13～20朵花，花冠白色，有时具淡紫色斑纹，花冠筒短，裂片披针形，内面被柔毛；副花冠环状，短5裂，裂片兜状；柱头延伸成1长喙，顶端2裂。双生蓇葖果近纺锤形，表面具疣状突起。种子扁圆形，具白色绢毛。花期7—8月，果期9—12月。

生境与分布：生于湖滩湿地。卢集镇高湖村、西周村、新庄嘴村，龙集镇东嘴村、张嘴村，太平镇倪庄村，城头乡朱台子村、洪泽湖湿地国家级自然保护区，老子山镇剪草沟村、王桥圩村，官滩镇武小圩村，蒋坝镇头河滩村，等等，均有分布。国内分布于东北、华北、华东、西北、华中等地区。

价值与应用：全草入药，具补气补血、清热消肿之功效。

紫草科 Boraginaceae

○ 附地菜 *Trigonotis peduncularis*（Trev.）Benth. ex Baker et Moore

俗名：地胡椒

分类学地位：紫草科附地菜属

关键识别特征： 一年生或二年生草本，被糙伏毛。茎基部多分枝，铺散、斜升或直立。单叶互生，基生叶莲座状，茎生叶互生，叶片长圆状卵形。单歧聚伞花序顶生，蝎尾状卷曲；花冠淡蓝色或淡紫红色，冠筒极短，裂片倒卵形，开展，喉部附属物白色或带黄色。小坚果4枚，斜三棱锥状四面体形。花果期4—7月。

生境与分布： 生于湖滩湿地。龙集镇东嘴村、小丁庄村，城头乡朱台子村，老子山镇马浪岗村，等等，均有分布。我国各省份广泛分布。

价值与应用： 全草入药，具有温中健胃、消肿止痛、止血之功效。

○ 田紫草 *Lithospermum arvense* L.

俗名：麦家公

分类学地位：紫草科紫草属

关键识别特征：一年生草本，被糙伏毛。根稍含紫色物质。单叶互生，无柄，叶片倒披针形，两面均有短糙伏毛。聚伞花序生枝上部；花冠高脚碟状，白色，有时蓝色或蓝紫色，裂片卵形或长圆形，直伸或稍开展，花冠筒具5纵褶，喉部无附属物；雄蕊生于花冠筒下部。小坚果4枚，三角状卵球形，灰褐色，有疣状突起。花果期4—8月。

生境与分布：生于河岸湿地、湖岸湿地及浅水。临淮镇二河村、半城镇濉河入湖口、洪泽湖湿地国家级自然保护区等有分布。国内分布于黑龙江、吉林、辽宁、河北、山东、山西、江苏、浙江、安徽、湖北、陕西、甘肃及新疆等省份。

价值与应用：全草入药，具有凉血、活血、清热、解毒之功效。

旋花科 Convolvulaceae

打碗花 *Calystegia hederacea* Wall.

俗名：燕覆子、面根藤

分类学地位：旋花科打碗花属

关键识别特征：多年生草本，具白色乳汁。茎纤细，平卧。单叶互生，叶片3裂，中裂片长圆形或长圆状披针形，侧裂片双戟形。花腋生，花梗长于叶柄，苞片2枚，宽卵形，紧包花；花冠淡紫色或淡红色，钟状，冠檐近截形或微裂；雄蕊5枚，近等长；子房无毛，柱头2裂，裂片长圆形，扁平。蒴果卵球形，包于宿存花萼内。种子黑褐色，表面有小疣。花果期5—8月。

生境与分布：生于湖边沼泽及湿地。卢集镇高湖村、西周村，裴圩镇黄码河入湖口，龙集镇东嘴村、张嘴村，临淮镇二河村，洪泽湖湿地自然保护区，城头乡朱台子村，老子山镇王桥圩村，官滩镇武小圩村，蒋坝镇头河滩村等地有分布。我国各省份广布。

价值与应用：根入药，可治妇女月经不调等病症。

蕹菜 *Ipomoea aquatica* Forssk.

俗名：空心菜、藤藤菜、蓊菜、通心菜

分类学地位：旋花科番薯属

关键识别特征：一年生草本，蔓生或漂浮于水面。茎圆柱形，有节，节间中空，节上生根。单叶互生，叶片卵形至披针形，顶端锐尖或渐尖，基部心形、戟形或箭形，边缘全缘或波状；叶柄无毛。聚伞花序腋生，花序梗具1～3（～5）朵花；苞片小鳞片状；萼片近等长，卵形；花冠白色、淡红色或紫红色，漏斗状；雄蕊不等长；子房圆锥状，无毛。蒴果卵球形至球形，无毛。种子密被短柔毛或有时无毛。

生境与分布：生于湖滩湿地。裴圩镇黄码河入湖口、高良涧街道洪祥村等地有栽培，原产于我国，现广泛栽培，或有时逸为野生；我国中南部地区多有种植。

价值与应用：植物体能去除污水中的总磷、氨氮，净化水体；除供蔬菜食用外，茎叶可药用，内服解饮食中毒，外敷治骨折、腹水及无名肿毒；同时亦可作饲料。

茄科 Solanaceae

○曼陀罗 *Datura stramonium* L.

俗名：枫茄花、狗核桃、万桃花

分类学地位：茄科曼陀罗属

关键识别特征： 一年生草本或半灌木，高0.5～1.5米。茎粗壮，圆柱形，淡绿色或带紫色，下部木质化。单叶互生，叶片广卵形，顶端渐尖，基部不对称楔形，边缘有不规则波状浅裂，裂片顶端急尖。花单生于枝杈间或叶腋，直立，有短梗；花萼筒状，长4～5厘米，筒部有5纵棱，后近基部环状断裂、脱落。蒴果直生，卵形，表面具坚硬针刺，直径2～4厘米。花期6—10月，果期7—11月。

生境与分布： 生于湖滩沼泽、湿地。裴圩镇黄码河入湖口、龙集镇东嘴村、龙集镇中国渔政第五大队南侧等地有分布。全国广布。

价值与应用： 曼陀罗花不仅用于麻醉，而且还用于治疗疾病。其叶、花、籽均可入药，味辛，性温，有大毒；花能去风湿、止喘定痛，可治惊痫和寒哮，煎汤洗，治诸风顽痹及寒湿脚气；花瓣的镇痛作用尤佳，可治神经痛等；叶和籽可用于镇咳镇痛。

枸杞 *Lycium chinense* Mill.

俗名：枸杞菜、狗牙子、狗奶子

分类学地位：茄科枸杞属

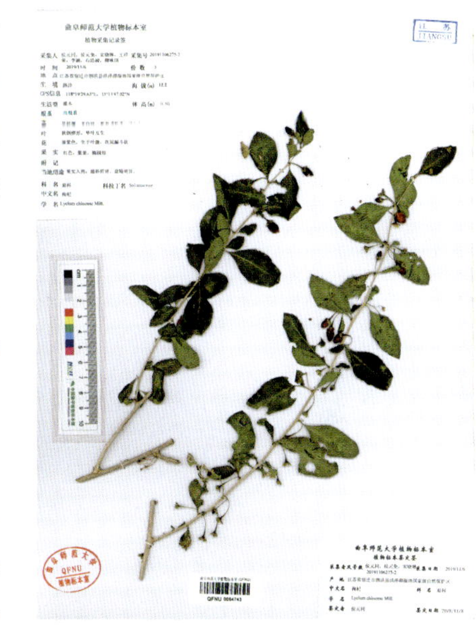

关键识别特征：落叶灌木。茎多分枝，枝条细弱，弯曲或俯垂，具棘刺。单叶互生，叶片卵形、卵状菱形、长椭圆形或卵状披针形。花在枝上1～2朵腋生，花萼常3中裂或4～5齿裂，具缘毛，宿存；花冠漏斗状，淡紫色，冠筒向上骤宽，与冠檐近等长，5深裂，裂片卵形，平展或稍反曲；雄蕊稍短于花冠。浆果红色，近卵形。花期5—9月，果期8—11月。

生境与分布：生于湖岸湿地。卢集镇西周村，裴圩镇黄码河入湖口，龙集镇东嘴村、袁庄村，临淮镇蚕桑场三组，城头乡朱台子村，洪泽湖湿地国家级自然保护区，老子山镇剪草沟村、王桥圩村，官滩镇武小圩村、东嘴村，等等，均有分布。除青藏、新疆外，我国各省份广布。

价值与应用：果实入药，具有养肝、滋肾、润肺之功效；根皮入药，具有解热止咳之功效。

苦蘵 *Physalis angulata* L.

俗名：灯笼泡、灯笼草

分类学地位：茄科洋酸浆属

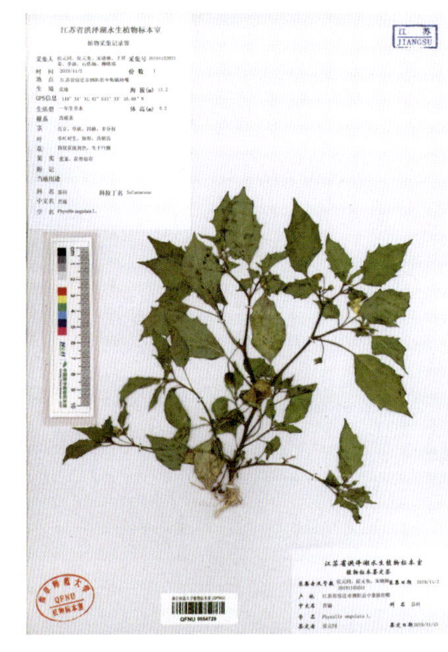

关键识别特征：一年生草本，高达50厘米。茎直立，多分枝。单叶互生，叶片近卵形，全缘或具不等大牙齿。花梗纤细，被短柔毛；花萼被短柔毛，裂片披针形，具缘毛；花冠淡黄色，喉部具紫色斑纹；花药蓝紫色或黄色。宿萼卵球形，膜质，具纵棱，包住果实；浆果球形。花期5—7月，果期7—12月。

生境与分布：生于湖滩沼泽及湿地。卢集镇高湖村、西周村、新庄嘴村，龙集镇袁庄村，临淮镇二河村，城头乡朱台子村，洪泽湖湿地国家级自然保护区等地有分布。我国多分布于华东、华中、华南及西南地区。

价值与应用：全草入药，具有清热消肿、行气止痛之功效，治外感发热、痄腮、喉痛、咳嗽、腹胀、疝气、天疱疮等病症。

小酸浆 *Physalis minima* L.

分类学地位：茄科洋酸浆属

关键识别特征：一年生草本，被毛。茎短缩，顶端多二歧分枝，分枝披散而卧于地上或斜升。单叶互生，叶片卵形，边缘具锯齿。花梗细弱，花黄色，辐状钟形。果萼较小，近球形，纸质，具棱，草绿色。浆果球形。花果期8—11月。

生境与分布：生于湖边湿地。官滩镇东嘴村等地有分布。国内分布于滇、粤、桂、川等省份。

价值与应用：全草入药，用于治疗黄疸、胁痛、外感发热、咽痛、咳嗽痰喘、肺痈、痄腮、小便涩痛、尿血、瘰疬等病症；外用于治疗脓疱疮、湿疹、疖肿等病症。

龙葵 *Solanum nigrum* L.

俗名：野辣虎、野海椒

分类学地位：茄科茄属

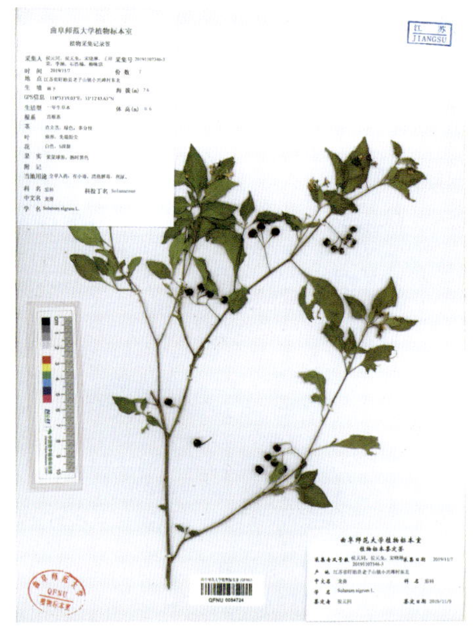

关键识别特征：一年生草本。茎直立，多分枝。单叶互生，叶片卵形，基部楔形。蝎尾状花序腋外生，具3～9朵花；花萼浅杯状，花冠白色，冠檐裂片卵圆形；雄蕊5枚，花药顶孔向内开裂；花柱中下部被白色绒毛。浆果球形，熟时紫黑色，萼片宿存，果柄弯曲。种子多数，近卵形，两侧压扁。花期5—8月，果期7—11月。

生境与分布：生于湖边沼泽及湿地。卢集镇高湖村、新庄嘴村，裴圩镇黄码河入湖口，城头乡朱台子村，老子山镇小兴滩村，等等，均有分布。我国各省份广布。

价值与应用：全草入药，具有散瘀消肿、清热解毒之功效。

车前科 Plantaginaceae

车前 *Plantago asiatica* L.

俗名：车轮草、猪耳朵草

分类学地位：车前科车前属

关键识别特征：二年生或多年生草本。须根系。叶基生成莲座状，叶片宽卵形至宽椭圆形，边缘全缘。穗状花序细圆柱状，3～10枚，直立或弓曲上升，花序梗细长；苞片狭卵状三角形；花梗极短；花萼裂片4枚；花冠裂片4枚，白色；雄蕊4枚，花药卵状椭球形，白色。蒴果纺锤状卵形，成熟时横裂。种子卵状椭球形。花期4—8月，果期6—9月。

生境与分布：生于湖岸湿地。裴圩镇黄码河入湖口等地有分布。国内分布于南北各地区。

价值与应用：全草入药，味甘，性寒，具有利水、清热、明目、祛痰的功效，主治淋病、尿血、小便不通、水肿、热痢、泄泻、目赤肿痛、喉痛等病症。

平车前 *Plantago depressa* Wild.

俗名：车前草、车茶草

分类学地位：车前科车前属

关键识别特征：一年生或二年生草本。直根系。叶基生成莲座状，叶片椭圆形或卵状披针形，叶柄基部扩大成鞘状。穗状花序细圆柱状，花序梗细长；花近无柄，花萼无毛；花冠白色，无毛；雄蕊4枚，花药卵状椭球形。蒴果卵状椭圆形，成熟时横裂。种子椭球形，腹面平坦，黄褐色至黑色。花期5—7月，果期7—9月。

生境与分布：生于湖边湿地。裴圩镇黄码河入湖口等地有分布。国内分布于南北各省份。

价值与应用：种子入药，味甘，性寒，有清热利尿、渗湿通淋、清肝明目之功效，用于治疗淋病尿闭、暑湿泄泻、目赤肿痛、痰多咳嗽、视物昏花等病症。

长叶车前 *Plantago lanceolata* L.

俗名：窄叶车前、披针叶车前

分类学地位：车前科车前属

关键识别特征： 多年生草本。直根系。叶基生成莲座状，叶片线状披针形。花序梗直立或弓曲上升，穗状花序幼时通常为圆锥状卵形；苞片卵形或椭圆形，密被长粗毛；萼片龙骨突不达顶端，花冠白色，无毛，裂片卵状披针形；雄蕊4枚，花药椭球形，白色至淡黄色。蒴果狭卵球形，成熟时横裂。种子狭椭球形，有光泽。花期5—6月，果期6—7月。

生境与分布： 生于湖边湿地。洪泽湖湿地国家级自然保护区等地有分布。国内分布于辽宁、新疆、山东、甘肃等省份。

价值与应用： 叶质肥厚，细嫩多汁，是早春主要牧草之一，为各种家畜所喜食；全草入药，具有清热、明目、利尿、止泻、降血压、镇咳、祛痰等功效；种子可榨油，供工业用。

大车前 *Plantago major* L.

俗名：钱贯草、大猪耳朵草

分类学地位：车前科车前属

关键识别特征：多年生草本。根状茎短粗，具须根。叶基生成莲座状，叶片卵形或宽卵形，边缘波状或具不整齐锯齿。花序梗直立，穗状花序占花序梗的1/3～1/2；苞片卵形；花密生，无梗，花萼裂片椭圆形；花冠裂片椭圆形或卵形；雄蕊4枚，着生于冠筒内面近基部，花药椭球形，鲜时淡紫色。蒴果椭球形，横裂。种子8～15枚，棕色或棕褐色。花期6—8月，果期7—9月。

生境与分布：生于湖边沼泽、湿地。裴圩镇黄码河入湖口，龙集镇袁庄村，老子山镇剪草沟村，等等，均有分布。国内分布于东北、华北、西北、华东、华南、西南等地区。

价值与应用：全草入药，味甘，性寒，具有清热利尿、祛痰、凉血、解毒等功能，用于治疗水肿、尿少、热淋涩痛、暑湿泻痢、痰热咳嗽、吐血、痈肿疮毒等病症。

○北美车前 *Plantago virginica* L.

俗名：毛车前

分类学地位：车前科车前属

关键识别特征： 一年生或二年生草本。直根纤细，有细侧根，根茎短。叶基生成莲座状，叶片倒披针形至倒卵状披针形，两面及叶柄散生白色柔毛。穗状花序细圆柱状，1至多数，直立或弓曲上升；花密生，萼片与苞片等长或略短；花冠裂片4枚，淡黄色；花药狭卵形，淡黄色，干后黄色，具狭三角形小尖头。蒴果卵球形，于基部上方周裂。种子2枚，卵形，腹面凹陷呈船形，黄褐色至红褐色，有光泽。花期4—5月，果期5—6月。

生境与分布： 生于湖边漫滩湿地。蒋坝镇头河滩村等地有分布。国内分布于江苏、安徽、浙江、江西、福建、台湾、四川等省份。原产于北美洲。

价值与应用： 幼苗4—5月采摘，沸水轻煮后，凉拌、蘸酱、炒食、做馅、做汤或和面蒸食；全草入药，味甘，性寒，具有利尿、清热、明目、祛痰的功效，主治小便不通、淋浊、带下、尿血、黄疸、水肿、热痢、泄泻、鼻衄、目赤肿痛、喉痹、咳嗽、皮肤溃疡等病症。

○北水苦荬 *Veronica anagallis-aquatica* L.

俗名：仙桃草

分类学地位：车前科婆婆纳属，原隶属于玄参科

关键识别特征：多年生（稀一年生）草本，通常无毛，极少在花序轴、花梗、花萼和蒴果上有几根腺毛。根茎横走。茎直立或基部倾斜，不分枝或分枝，高达100厘米。叶无柄，对生，上部的半抱茎。花序比叶长，多花；花梗与苞片近等长，弓曲上升。蒴果长球形，常因昆虫寄生而异常肿胀，这种具虫瘿的植株名为“仙桃草”。花期4—9月。

生境与分布：生于湖边湿地。城头乡朱台子村有分布。国内分布于长江以北及西南各地区。

价值与应用：植物体对污水中COD的去除率为86.2%，氨氮去除率为91.1%，总氮去除率为88.7%，总磷去除率为87.1%；全草入药，具有清热利湿、止血化瘀等功效，用于治疗感冒、咽喉痛、劳伤咯血、痢疾、血淋、月经不调、疝气、疔疮、跌打损伤等病症；果实（或带虫瘿的果实）用于治疗腰痛、肾虚、小便涩痛、跌打损伤、劳伤吐血等病症。

婆婆纳 *Veronica polita* Fries

分类学地位：车前科婆婆纳属，原隶属于玄参科

关键识别特征：一年至二年生草本。茎基部分枝，下部匍匐地面。叶片宽卵形或近圆形，边缘有圆齿，茎下部对生，上部互生。早春开花，单生苞腋；花梗与苞片近等长，花萼裂片卵形，果期宿存，稍增大；花冠淡紫红色，裂片4枚。蒴果近肾形，密被腺毛，略短于花萼，裂片顶端圆，脉不明显，宿存花柱与凹口齐或略过之。花果期3—10月。

生境与分布：生于湖边湿地。裴圩镇黄码河入湖口，龙集镇东嘴村，洪泽湖湿地国家级自然保护区，老子山镇小兴滩村、王桥圩村，官滩镇武小圩村，蒋坝镇头河滩村，等等，均有分布。国内分布于华东、华中、西南、西北等地区。

价值与应用：全草入药，味淡，性平，具有补肾壮阳、凉血、止血、理气止痛之功效，用于治疗吐血、疝气、子痈、带下病、崩漏、小儿虚咳、阳痿、骨折等病症。

○直立婆婆纳 *Veronica arvensis* L.

分类学地位：车前科婆婆纳属，原隶属于玄参科

关键识别特征：一年生小草本。茎直立或斜升，不分枝或分枝，高5～30厘米，有两列多细胞白色长柔毛。叶常3～5对，通常对生，下部的有短柄，中上部的无柄，叶片卵形至卵圆形。总状花序长而多花，花梗极短，花萼裂片4枚，条状椭圆形；花冠蓝紫色或蓝色，裂片圆形至长矩圆形；雄蕊短于花冠。蒴果倒心形，强烈侧扁。种子矩圆形。花果期4—5月。

生境与分布：生于湖岸漫滩湿地及湖滩浅水。蒋坝镇头河滩村、卢集镇高湖村等地有分布。原产于欧洲，其他地方归化。国内华东和华中等地区常见。

价值与应用：全草入药，具有清热、除疟之功效，主治疟疾等病症。

阿拉伯婆婆纳 *Veronica persica* Poir.

俗名：波斯婆婆纳、肾子草

分类学地位：车前科婆婆纳属，原隶属于玄参科

关键识别特征： 一年生至二年生草本。茎基部多分枝，铺散状。茎下部叶对生，上部叶互生，叶片卵形或圆形，边缘具钝齿，两面疏生柔毛。总状花序很长；花梗比苞片长2倍以上，花萼裂片4枚，卵状披针形；花冠蓝色或蓝紫色，裂片4枚，圆形至卵形，不等大；雄蕊2枚，短于花冠。蒴果肾形，网脉明显，凹口大于90°角，裂片顶端钝而不圆。种子背面具深横纹，花果期3—5月。

生境与分布： 生于湖岸鱼塘湿地及滩涂湿地。龙集镇袁庄村、半城镇南侧团结河入湖口处、濉河入湖口，双沟镇双淮村，洪泽湖湿地国家级自然保护区，蒋坝镇头河滩村，卢集镇曾嘴村，龙集镇东嘴村、张嘴村，中扬镇水产养殖协会，等等，均有分布。原产于亚洲西部及欧洲。国内分布于华东、华中及贵州、云南、西藏东部及新疆等地区。

价值与应用： 全草入药，味辛，性平，有祛风除湿、壮腰、截疟之功效。

蚊母草 *Veronica peregrina* L.

俗名：水蓑衣

分类学地位：车前科婆婆纳属，原隶属于玄参科

关键识别特征：一年生草本。茎直立，基部多分枝，披散状，无毛或疏生柔毛。叶无柄，下部的倒披针形，上部的长矩圆形，边缘全缘或中上部有三角状锯齿。总状花序长；苞片与叶同形而略小；花梗极短；花萼裂片长矩圆形至宽条形；花冠白色或浅蓝色，裂片长矩圆形至卵形；雄蕊短于花冠。蒴果倒心形，明显侧扁，边缘生短腺毛，宿存的花柱不超出凹口，常因虫瘿而肥大。种子矩圆形。花果期5—6月。

生境与分布：生于湖岸滩涂湿地。龙集镇张嘴村等地有分布。国内分布于东北、华东、华中、西南各地区。

价值与应用：带虫瘿的全草药用，治疗跌打损伤、瘀血肿痛及骨折等病症；嫩苗味苦，水煮去苦味，可食；全草入药，具有活血、止血、消肿、止痛之功效。主治吐血、咯血、便血、跌打损伤、瘀血肿痛等病症。

母草科 Linderniaceae

陌上菜 *Lindernia procumbens* (Krock.) Borbás

分类学地位：母草科陌上菜属，原隶属于玄参科

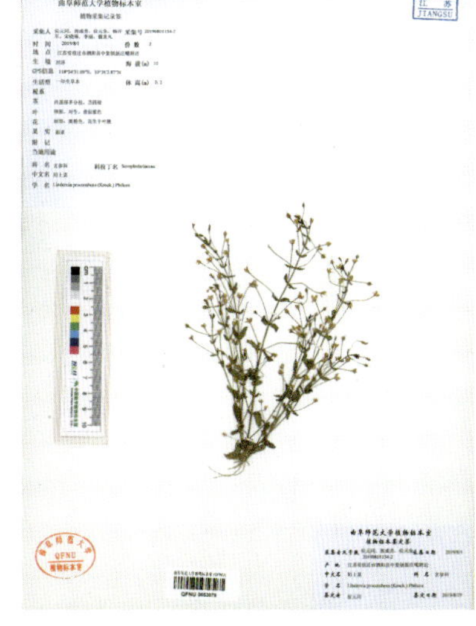

关键识别特征：一年生草本。茎直立，基部多分枝。单叶交互对生，叶片椭圆形，自基部发出3～5条平行叶脉。花单生叶腋，花梗细长；萼齿5枚；花冠粉红色或紫色，上唇短，2浅裂，下唇甚大于上唇，3裂；雄蕊4枚，前方2枚的附属物短小；柱头2裂。蒴果球形或卵球形，与萼近等长或略过之。花期7—10月，果期9—11月。

生境与分布：生于湖滩沼泽。卢集镇新庄嘴村、裴圩镇黄码河入湖口等地有分布。除新疆、西藏以及海南等地外，我国各省份广布。

价值与应用：全草入药，具有清泻肝火、凉血解毒、消炎退肿之功效，用于治疗肝火上炎、湿热泻痢、红肿热毒、痔疮肿痛等病症。

爵床科 Acanthaceae

○爵床 *Justicia procumbens* L.

俗名：孩儿草、密毛爵床

分类学地位：爵床科爵床属

关键识别特征：一年生草本。茎匍匐或斜升。单叶对生，叶片卵形。穗状花序顶生或腋生，苞片、小苞片、萼裂片披针形；花冠唇形，淡红色或带紫红色，下唇3裂片；雄蕊2枚，花药具距；雌蕊花柱丝状，柱头头状。蒴果线形，压扁，淡褐色，表面上部具白色短柔毛。种子卵球形，微扁，黑褐色，表面具网状纹突起。花果期8—11月。

生境与分布：生于湖滩湿地。洪泽湖湿地国家级自然保护区、老子山镇小兴滩村、官滩镇东嘴村、蒋坝镇头河滩村等地有分布。国内分布于我国秦岭以南地区。

价值与应用：全草入药，味苦，性寒，具清热解毒、利尿消肿、截疟之功效，用于治疗感冒发热、疟疾、咽喉肿痛、小儿疳积、痢疾、肠炎、肾炎水肿、泌尿系统感染等病症，外用治痈疮疖肿、跌打损伤等病症。

狸藻科 Lentibulariaceae

○南方狸藻 *Utricularia australis* R. Br.

俗名：鱼刺草

分类学地位：狸藻科狸藻属

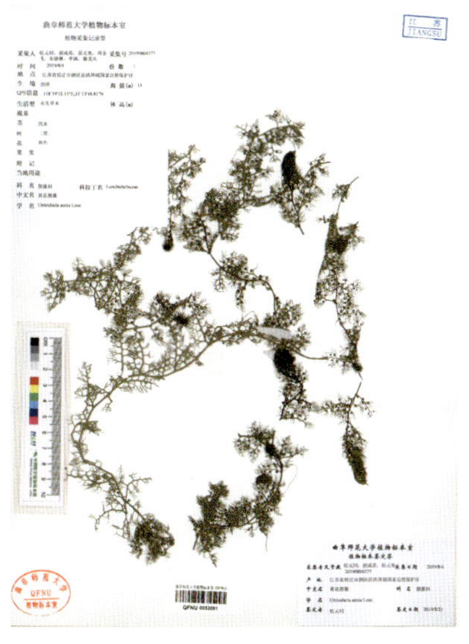

关键识别特征：多年生水生草本。茎圆柱状，匍匐，多分枝。单叶互生，叶片羽状深裂，捕虫囊多数，侧生于裂片口处，边缘疏生小刚毛，扁球形，可消化误入的动物。花序直立，中上部具3～8朵花，花冠黄色，下唇边缘波状，喉凸隆起呈浅囊状；距细圆锥状，顶端钝，稍弯曲。花期6—8月，果期7—9月。

生境与分布：生于湖边浅水中。官滩镇武小圩村等地有分布。国内分布于我国南方各水域。

价值与应用：植物体适合室内水体绿化，是装饰玻璃杯、玻璃瓶等容器的良好材料。

唇形科 Lamiaceae

地笋 *Lycopus lucidus* Turcz. ex Benth.

俗名：地参

分类学地位：唇形科地笋属

关键识别特征：多年生草本。根茎横走，有时先端膨大，具节，节上生不定根。茎直立，具四棱。单叶对生，叶具极短柄或近无柄，叶片长圆状披针形，两面或上面具光泽，亮绿色，两面均无毛。轮伞花序无梗，轮廓圆球形，小苞片卵圆形至披针形，位于外方者超过花萼；花萼钟形，两面无毛，外面具腺点；花冠唇形，白色；雄蕊花丝丝状，无毛，花药卵球形，2室；雌蕊花柱伸出花冠。小坚果倒卵圆状四边形，褐色，边缘加厚，背面平，腹面具棱，有腺点。花期6—9月，果期8—11月。

生境与分布：生于鱼塘岸边及湖岸漫滩湿地。老子山镇剪草沟村、小兴滩村，蒋坝镇头河滩村，高良涧街道洪祥村，卢集镇高湖村、新庄嘴村、西周村，裴圩镇黄码河入湖口，龙集镇东嘴村、张嘴村，中扬镇水产养殖协会，等等，均有分布。国内分布于黑龙江、吉林、辽宁、河北、陕西、四川、贵州、云南等省份。

价值与应用：全草入药，具活血调经、祛瘀消痈、利水消肿之功效，用于治疗月经不调、痛经、经闭、产后瘀血腹痛、疮痈肿痛、水肿腹痛等病症。

○ 薄荷 *Mentha canadensis* L.

俗名：野薄荷、南薄荷、夜息香

分类学地位：唇形科薄荷属

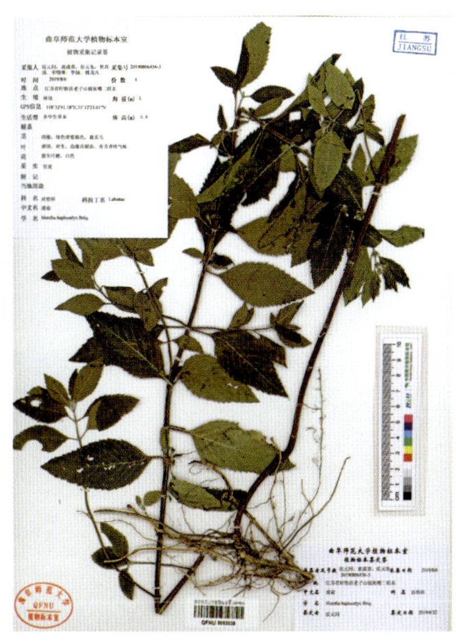

关键识别特征：多年生草本，有芳香味，具根茎。茎四棱，直立，多分枝，下部沿棱被微柔毛。单叶对生，叶片卵状披针形或长圆形，基部以上疏生粗锯齿。轮伞花序腋生，球形；花萼管状钟形，萼齿窄三角状钻形；花冠唇形，淡紫色或白色，上裂片2裂，下3裂片近等大，长圆形。小坚果卵形，黄褐色，被洼点。花期7—9月，果期10月。

生境与分布：生于湖滩湿地或浅水。卢集镇高湖村，裴圩镇黄码河入湖口，龙集镇东嘴村、袁庄村，洪泽湖湿地国家级自然保护区，老子山镇马浪岗村、剪草沟村、小兴滩村，蒋坝镇头河滩村，等等，均有分布。我国各省份广布。

价值与应用：全草入药，味辛，性凉，具有疏散风热、清利头目、利咽透疹、疏肝行气等功效，主治外感风热、头痛、咽喉肿痛、食滞气胀、口疮、牙痛、疮疥、瘾疹、温病初起、风疹瘙痒、肝郁气滞、胸闷胁痛等病症。

○小鱼仙草 *Mosla dianthera*（Buch.-Ham. ex Roxb.）Maxim.

俗名：月味草、四方草

分类学地位：唇形科石荠苎属

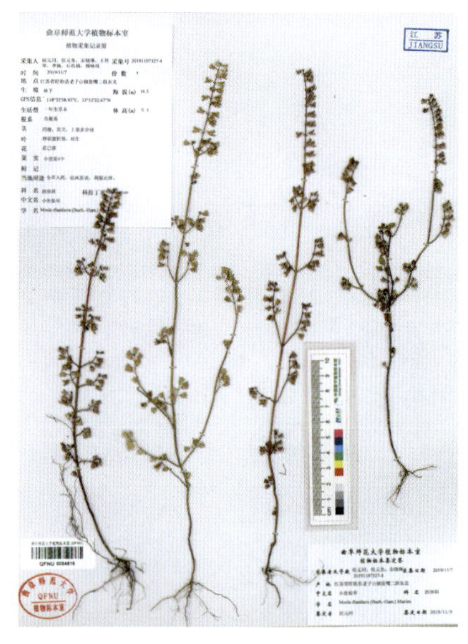

关键识别特征：一年生草本。茎四棱，近无毛，多分枝。单叶对生，叶片卵状披针形，下面无毛，疏被腺点。总状花序多数，苞片针形或线状披针形；花萼近钟形，上唇反折，齿卵状三角形，中齿较短，下唇齿披针形；花冠唇形，淡紫色。小坚果灰褐色，近球形，具疏网纹。花果期5—11月。

生境与分布：多生于湖岸湿地。老子山镇剪草沟村、官滩镇武小圩村、蒋坝镇头河滩村等地有分布。国内分布于南方各省份。

价值与应用：全草入药，具有祛风发表、利湿止痒之功效。

○紫苏 *Perilla frutescens*（L.）Britt.

俗名：荏、白苏

分类学地位：唇形科紫苏属

关键识别特征：一年生草本，密被长柔毛。茎4棱，直立，多分枝。单叶对生，叶片宽卵形或近圆形，边缘具粗锯齿，两面绿色或紫色，或仅下面紫色。轮伞总状花序顶生或腋生，苞片宽卵形或近圆形，被红褐色腺点；花紫红色或白色，花萼直伸，下部被长柔毛及黄色腺点；花冠唇形，稍被微柔毛。小坚果近球形，灰褐色。花期8—11月，果期8—12月。

生境与分布：生于湖边湿地。蒋坝镇头河滩村等地有分布。全国南北各地广布。

价值与应用：茎叶入药，具有发汗散寒、行气宽中、解郁止呕之功效；又可作香料。

荔枝草 *Salvia plebeia* R. Br.

俗名：蛤蟆草、皱皮葱

分类学地位：唇形科鼠尾草属

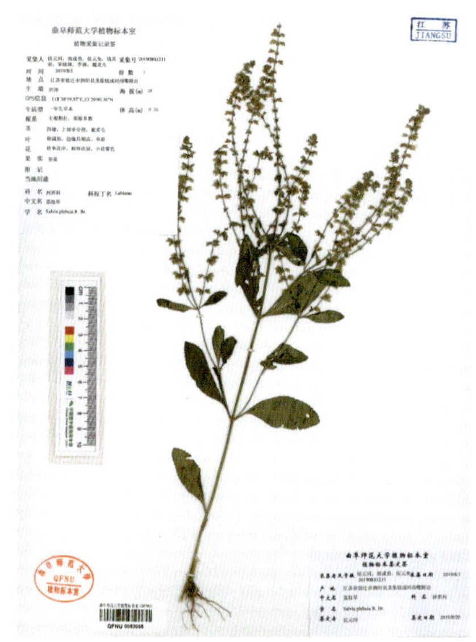

关键识别特征： 一年生或二年生草本。茎直立，具四棱，高达90厘米，粗壮，中上部多分枝。单叶对生，叶片卵形，叶面多皱，似荔枝果皮。轮伞花序多数，苞片披针形，花萼钟形，散布黄褐色腺点，唇形；花冠唇形，淡紫色，上唇长圆形，下唇外面被微柔毛；能育雄蕊2枚，杠杆状，着生于下唇基部；花柱和花冠等长。小坚果倒卵球形。花期4—5月，果期6—7月。

生境与分布： 生于湖滩沼泽湿地。卢集镇西周村、龙集镇袁庄村、太平镇倪庄村、老子山镇小兴滩村、蒋坝镇头河滩村等地有分布。除新疆、甘肃、青海及西藏外，分布于全国各地。

价值与应用： 全草入药，味辛，性平，无毒，具有清热、解毒、祛痰、止咳平喘等作用，用于治疗跌打损伤、无名肿毒、流感、咽喉肿痛、小儿惊风等病症。

风轮菜 *Clinopodium chinense*（Benth.）Kuntze

俗名：野薄荷

分类学地位：唇形科风轮菜属

关键识别特征：多年生草本。茎基部匍匐，节处生根，多分枝。单叶对生，叶片卵圆形，边缘具锯齿。轮伞花序多花密集，半球状；苞片叶状，向上渐小至针状；花萼狭管状，常带紫红色；花冠唇形，紫红色，冠筒伸出，向上渐扩大，上唇先端微缺，下唇3裂；雄蕊4枚，前对稍长；花柱微露出，先端不等2浅裂，裂片扁平；花盘平顶；子房无毛。小坚果倒卵形，黄褐色。花期5—8月，果期8—10月。

生境与分布：生于湖边湿地。老子山镇剪草沟村等地有分布。我国分布于山东、浙江、江苏、安徽、江西、福建、台湾、湖南、湖北、广东、广西及云南（东北部）等省份。

价值与应用：新鲜嫩叶具有香辛味，可用于凉拌或炒食；开花枝端可用来泡茶，香味特殊；全草入药，具疏风清热、解毒消肿、止血之功效，主治感冒发热、中暑、咽喉肿痛、白喉、急性胆囊炎、肝炎、肠炎、痢疾、腮腺炎等病症。

宝盖草 *Lamium amplexicaule* L.

俗名：珍珠莲

分类学地位：唇形科野芝麻属

关键识别特征：一年生或二年生草本。茎直立，基部多分枝。单叶对生，下部叶具长柄，上部叶无柄，叶片均圆形或肾形，半抱茎，两面均疏生小糙伏毛。轮伞花序6～10花，其中常有闭花受精的花；花冠唇形，紫红色或粉红色，外面除上唇被有较密带紫红色的短柔毛外，余部均被微柔毛，内面无毛环，冠筒细长。小坚果倒卵球形，具三棱，淡灰黄色，表面有白色疣状突起。花期3—5月，果期7—8月。

生境与分布：生于湖岸漫滩湿地。蒋坝镇头河滩村等地有分布。我国产于江苏、安徽、浙江、福建、湖南、湖北、河南、陕西、甘肃、青海、新疆、四川、贵州、云南及西藏等省份。

价值与应用：全草入药，治疗外伤骨折、跌打损伤、红肿、毒疮、瘫痪、半身不遂、高血压、小儿肝热及脑漏等症。

通泉草科 Mazaceae

○通泉草 *Mazus pumilus* (Burm. f.) Steenis

分类学地位：通泉草科通泉草属，原属玄参科

关键识别特征：一年生草本。茎直立、斜升或匍匐，高3～30厘米。基生叶成莲座状或早落，叶片倒卵状匙形，茎生叶对生或互生，少数。总状花序生于茎枝顶端，花稀疏；花萼钟状，果期宿存；花冠唇形，白色、紫色或蓝色，上唇2裂片较小，合生成三角形，下唇中裂片较小，倒卵圆形；雄蕊4枚，二强。蒴果球形。种子黄色，表面有不规则网纹。花果期4—10月。

生境与分布：生于湖岸沼泽、湿地。卢集镇西周村、裴圩镇黄码河入湖口、城头乡朱台子村等地有分布。全国各省份均有分布。

价值与应用：全草入药，味苦，性平，具有止痛、健胃、解毒之功效，用于治疗偏头痛、消化不良等病症；外用治疗疔疮、脓疱疮、烫伤等病症。

桔梗科 Campanulaceae

○半边莲 *Lobelia chinensis* Lour.

俗名：急解索、细米草、瓜仁草

分类学地位：桔梗科半边莲属

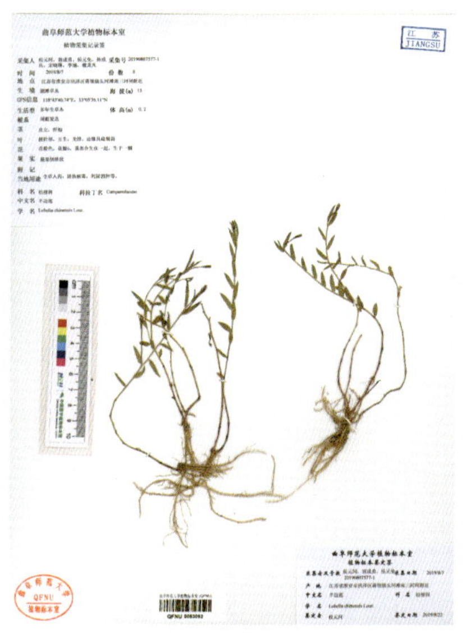

关键识别特征：多年生草本。茎细弱，匍匐，节上生不定根，分枝直立。单叶互生，叶片椭圆状披针形。花通常1朵，生分枝上部叶腋；花梗细，小苞片无毛；萼筒倒长锥状；花冠粉红色或白色，裂至基部，裂片平展于下方，2侧裂片披针形，较长，中间3枚裂片椭圆状披针形，较短。蒴果倒锥形。种子椭球形，稍扁压，近肉色。花果期5—10月。

生境与分布：生于湖滩湿地。蒋坝镇头河滩村等地有分布。国内分布于长江中、下游及以南地区。

价值与应用：全草入药，具有清热解毒、利尿消肿等功效，治疗毒蛇咬伤、肝硬化腹水、晚期血吸虫病、阑尾炎等病症。

睡菜科 Menyanthaceae

荇菜 *Nymphoides peltata*（S. G. Gmel.）Kuntze

俗名：莕菜、莲叶莕菜、驴蹄菜、水荷叶

分类学地位：睡菜科荇菜属，原隶属于龙胆科

关键识别特征：多年生草本。枝二型，长枝匍匐于水底，如横走根状茎；短枝从长枝节处长出，节下生根。叶柄长度变化大，叶片卵形，基部心形，边缘具锯齿。花挺出水面，花冠黄色，5裂，裂片边缘成须状；雄蕊5枚，与裂片互生；雌蕊子房扁球形，柱头2裂，片状。蒴果扁球形。种子多数，扁平，椭圆形，边缘有刚毛。花期5—10月，果期9—10月。

生境与分布：多生于湖内静态水域。卢集镇高湖村、曾嘴村、桂嘴村、新庄嘴村，裴圩镇黄码河入湖口，龙集镇东嘴村、袁庄村、张嘴村、小丁庄村，临淮镇蚕桑场三组，洪泽湖湿地国家级自然保护区，老子山镇马浪岗村、王桥圩村，官滩镇武小圩村，高良涧街道洪祥村、蒋坝镇头河滩村，等等，均有分布。国内分布于大部分省份。

价值与应用：植物体能够降低水体的BOD、COD，去除总氮、总磷；药用时，具有发汗透疹、利尿通淋、清热解毒之功效。

○金银莲花 *Nymphoides indica*（L.）Kuntze

俗名：白花荇菜、白花莕菜、印度荇菜、印度莕菜

分类学地位：睡菜科荇菜属，原隶属于龙胆科

关键识别特征：多年生草本。茎圆柱形，不分枝，形似叶柄，顶生单叶。叶飘浮于水面，近革质，宽卵圆形或近圆形，基部心形，全缘，叶柄短，圆柱形。花多数，簇生节上，花梗细弱，圆柱形，不等长；花萼裂至近基部，裂片长椭圆形；花冠白色，基部黄色，裂至近基部，冠筒短，裂片卵状椭圆形，先端钝，腹面密生流苏状长柔毛。蒴果椭球形。花果期8—10月。

生境与分布：多生于湖内近岸水域。洪泽湖区域有分布。国内分布于大部分省份。

价值与应用：植物体能够降低水体的BOD、COD；水生花卉，用于水面绿化。

菊科 Asteraceae

○豚草 *Ambrosia artemisiifolia* L.

俗名：豕草

分类学地位：菊科豚草属

关键识别特征：一年生草本。茎直立，上部多分枝，被柔毛。单叶互生，叶片卵形，2回羽状深裂，裂片狭小；上面深绿色，下面灰白色。雄头状花序具短梗，下垂，在枝上部密集成总状花序，总苞斜杯状，有10～15朵可育小花；雌头状花序无短梗，单生或簇生，仅具1朵无被可育花。瘦果包于坚硬总苞内。花期8—9月，果期9—10月。

生境与分布：生于湖边湿地。卢集镇高渡嘴码头、蒋坝镇头河滩村等地有分布。长江流域逸为野生。原产于北美洲。1935年发现于杭州，逐渐扩散到东北、华北、华中和华东的15个省份。

价值与应用：豚草为恶性杂草，对禾本科、菊科等植物有抑制、排斥作用，2003年被列入《中国第一批外来入侵物种名单》，但豚草能吸收土壤中的重金属，可作为土壤修复的工具种。

○黄花蒿 *Artemisia annua* L.

俗名：草蒿、青蒿、香蒿

分类学地位：菊科蒿属

关键识别特征：一年生草本，具香气。茎直立，多分枝。单叶互生，茎下部叶宽卵形，3（4）回栉齿状羽状深裂。上部叶渐小，近无柄。头状花序球形，多数，有短梗，基部有线形小苞叶，在分枝上排成总状或复总状花序，在茎上端组成开展的尖塔形圆锥花序；总苞片背面无毛；缘花为雌花，10～18枚，盘花为两性花，10～30枚。花果期8—11月。

生境与分布：生于湖滩湿地。卢集镇西周村，龙集镇东嘴村、袁庄村、张嘴村，临淮镇蚕桑场三组，城头乡朱台子村，老子山镇小兴滩村、王桥圩村，官滩镇东嘴村，等等，均有分布。全国广布。

价值与应用：全草可提取青蒿素，治疗各类疟疾；全草入药，有清热解暑、截疟、凉血、利尿健胃、止盗汗等功效。

茵陈蒿 *Artemisia capillaris* Thunb.

俗名：茵陈、绵茵陈、白茵陈、白蒿

分类学地位：菊科蒿属

关键识别特征：多年生亚灌木状草木，初密被灰白色绢质柔毛，具浓郁香味。茎直立，基部木质，上部多分枝。单叶互生，基生叶着生成莲座状，叶片卵圆形，二回羽状全裂，小裂片线形；向上叶渐小，1～2回羽状全裂。头状花序卵球形，多数，在茎上端组成大型而开展圆锥花序；总苞片淡黄色，无毛；缘花为雌花，6～10枚；盘花为两性花，3～7枚。瘦果长球形或长卵球形。花果期7—10月。

生境与分布：生于湖岸湿地。卢集镇西周村、洪泽湖湿地国家级自然保护区、官滩镇东嘴村等地有分布。我国多分布于东北、华北、华东、华南等地区。

价值与应用：茎叶水提取液对多种杆菌、球菌有抑制作用，挥发油有抗霉菌的作用；体内含治肝、胆疾患的主要成分；幼嫩茎叶入药，有清热利湿、利胆退黄之功效，主治黄疸尿少、湿温暑湿、湿疮瘙痒等病症。

○野艾蒿 *Artemisia lavandulifolia* DC.

俗名：野艾

分类学地位：菊科蒿属

关键识别特征：多年生草本，具根茎，有芳香气味。茎丛生，稀单生，分枝多；茎、枝被灰白色蛛丝状柔毛。单叶互生，叶片宽卵形，1～2回羽状深裂，边缘反卷。上部叶渐小，羽状全裂；头状花序多数，排成穗状或复穗状花序，再组成圆锥花序；总苞片背面密被灰白色蛛丝状柔毛；缘花为雌花，4～9枚；盘花为两性花，10～20枚，花冠檐部紫红色。瘦果倒卵球形。花果期8—10月。

生境与分布：生于湖滩湿地。卢集镇高湖村、西周村、新庄嘴村，裴圩镇黄码河入湖口，龙集镇东嘴村、袁庄村、张嘴村、小丁庄村，临淮镇蚕桑场三组、二河村，洪泽湖湿地国家级自然保护区，老子山镇剪草沟村、小兴滩村、王桥圩村，官滩镇东嘴村，蒋坝镇头河滩村，等等，均有分布。我国除新疆、青藏地区外，各省份广泛分布。

价值与应用：幼嫩枝叶作“家艾”代用品，有散寒、祛湿、温经、止血之功效。

○蒌蒿 *Artemisia selengensis* Turcz. ex Bess.

俗名：水艾、小蒿子

分类学地位：菊科蒿属

关键识别特征：多年生草本，具地下根状茎，有清香气味。茎少数或单一，上部分枝。单叶互生，叶片宽卵形，近掌状5裂或3裂或深裂，裂片线形或线状披针形，下面密被灰白色蛛丝状绵毛。头状花序多数，在分枝上排成密穗状花序，再组成窄长圆锥花序；总苞片背面疏被灰白色蛛丝状绵毛；缘花为雌花，8～12枚；盘花为两性花，10～15枚。瘦果卵球形。花果期7—10月。

生境与分布：生于湖滩湿地或浅水。老子山镇剪草沟村、小兴滩村，蒋坝镇头河滩村，等等，均有分布。我国各省份广布。

价值与应用：全草入药，有止血、消炎、镇咳、化痰之功效；嫩茎及叶作蔬菜或腌制酱菜。

○钻叶紫菀 *Symphyotrichum subulatum*（Michx.）G. L. Nesom

分类学地位：菊科联毛紫菀属

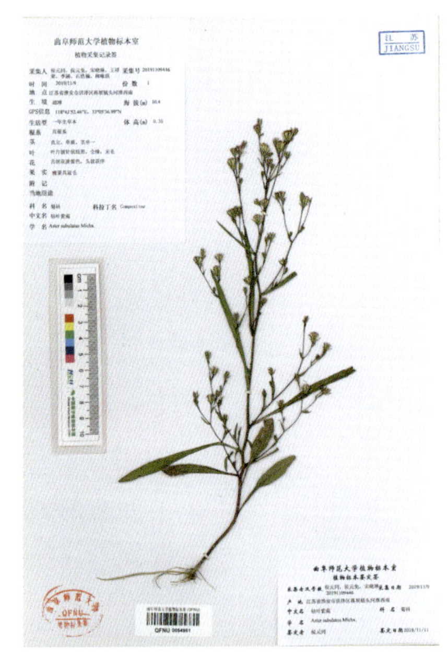

关键识别特征：一年生草本。茎光滑，直立，上部多分枝。单叶互生，基生叶片倒披针形，中部叶线状披针形，无柄，上部叶渐狭窄，全缘，无柄，无毛。头状花序多数，在茎顶端排成圆锥花序；总苞钟状，总苞片3～4层；缘花为舌状花，细狭，淡红色；盘花为管状花，多数，花冠短于冠毛。瘦果长球形或椭球形，具5纵棱，具淡褐色冠毛。花果期近全年。

生境与分布：生于湖边湿地。几乎遍布洪泽湖区域各地。原产于北美洲。后入侵我国，我国除新疆、西藏外，分布于南北各省份。

价值与应用：全草入药，有清热解毒之功效，主治痈肿、湿疹等病症。

金盏银盘 *Bidens biternata*（Lour.）Merr. et Sherff

分类学地位：菊科鬼针草属

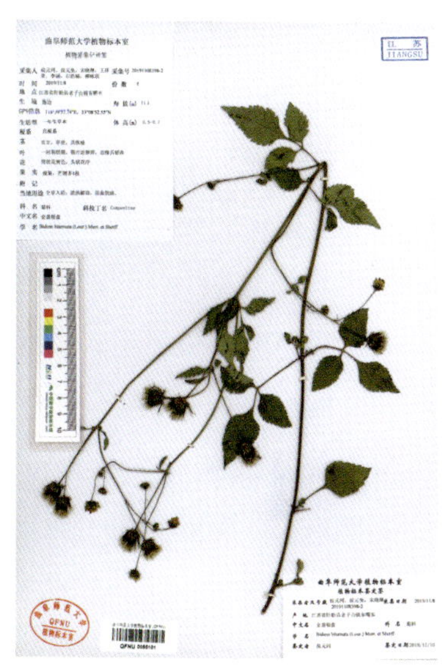

关键识别特征：一年生草本。茎直立，四棱形，无毛或疏被卷曲柔毛，多分枝。叶对生，一回羽状或二回三出复叶，小叶卵形至卵状披针形，边缘具锯齿。头状花序数枚，外层总苞片草质，线形，内层长椭圆形至长圆状披针形；边缘淡黄色舌状花不育，或有时无舌状花，先端3齿裂；盘花筒状，5齿裂。瘦果线形，熟时黑色，具4棱，顶端芒刺3～4枚，具倒刺毛。花果期8—10月。

生境与分布：生于湖滩、沼泽及湿地。卢集镇高湖村、西周村、新庄嘴村，裴圩镇黄码河入湖口，龙集镇东嘴村、张嘴村，太平镇倪庄村、临淮镇蚕桑场三组，城头乡朱台子村，洪泽湖湿地国家级自然保护区，老子山镇小兴滩村、王桥圩村、东嘴村，高良涧街道洪祥村，等等，均有分布。我国各省份广布。

价值与应用：全草入药，有清热解毒、散瘀活血之功效。

鬼针草 *Bidens pilosa* L.

俗名：鬼棘针

分类学地位：菊科鬼针草属

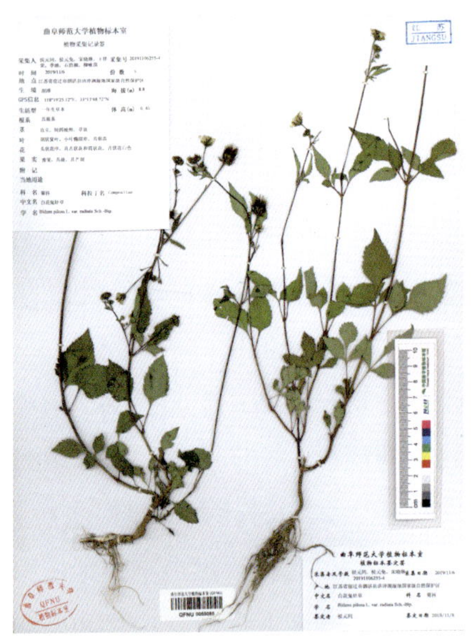

关键识别特征：一年生草本。茎略四棱，无毛或上部被极疏柔毛。叶对生，单叶或一回羽状复叶，小叶卵形。头状花序具较长花梗，总苞基部被柔毛，外层总苞片7～8枚，线状匙形，草质，背面无毛或边缘有疏柔毛；边缘舌状花白色，盘花筒状，冠檐5齿裂，黄色。瘦果熟时黑色，线形，具棱，上部具稀疏瘤突及刚毛，顶端芒刺3～4枚，具倒刺毛。花期8—9月，果期9—11月。

生境与分布：生于湖滩湿地。洪泽湖湿地国家级自然保护区有分布。国内分布于华东、华中、华南、西南各地区。

价值与应用：全草入药，有清热解毒、散瘀活血之功效。

○大狼耙草 *Bidens frondosa* L.

俗名：接力草、外国脱力草、大狼杷草

分类学地位：菊科鬼针草属

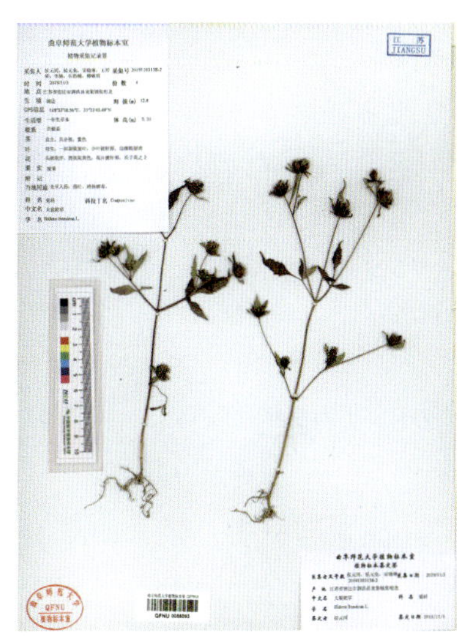

关键识别特征：一年生草本。茎直立，有分枝，常带紫色。叶对生，一回羽状复叶，小叶3～5枚，披针形，先端渐尖，边缘有粗锯齿。头状花序单生茎端和枝端，外层总苞片通常8枚，披针形或匙状倒披针形，叶状，内层苞片长圆形，膜质，具淡黄色边缘；无舌状花或极不明显，筒状花两性，黄色，顶端5裂。瘦果扁平，狭楔形，顶端芒刺2枚，有倒刺毛。花果期8—10月。

生境与分布：生于湖滩浅水或湿地。洪泽湖分布甚广。原产于北美洲，后在我国逸生，生于田野湿润处。

价值与应用：全草入药，有滋补强壮、清热解毒之功效。

天名精 *Carpesium abrotanoides* L.

俗名：鹤虱、天蔓青、地菘

分类学地位：菊科天名精属

关键识别特征：多年生草本。茎圆柱状，直立，上部多分枝，密生短柔毛。单叶互生，下部叶片宽椭圆形，基部渐狭成翅，上部叶渐小，无柄。头状花序多数，沿茎枝腋生，近无梗，稍下垂；总苞钟状，总苞片3层；花黄色，外围雌花花冠狭筒状，先端3～5齿裂，中央两性花花冠筒状，先端5齿裂。瘦果条形，具细纵纹，先端有短喙，无冠毛。花期6—8月，果期9—10月。

生境与分布：生于湖滩湿地。裴圩镇黄码河入湖口、临淮镇二河村、官滩镇东嘴村等地有分布。国内分布于华东、华南、华中、西南等地区。

价值与应用：全草入药，具有清热解毒、祛痰止血之功效；果入药，主治蛔虫病、蛲虫病等病症。

石胡荽 *Centipeda minima*（L.）A. Br. et Aschers.

俗名：球子草、鹅不食草

分类学地位：菊科石胡荽属

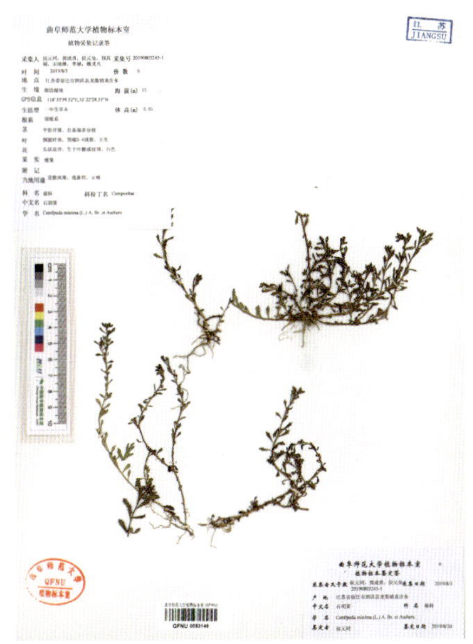

关键识别特征：一年生小草本，被蛛丝状毛或无毛。茎基部多分枝，匍匐伸展，节处生不定根。单叶互生，叶片楔状倒披针形，具锯齿。头状花序小，扁球形，花序梗极短；总苞半球形，总苞片2层；缘花雌性，多层，花冠细管状，淡绿黄色，2～3微裂；盘花两性，花冠管状，4深裂，淡紫红色。瘦果椭球形，具4棱，棱有长毛，无冠毛。花果期6—10月。

生境与分布：生于湖滩、草丛及荒地。卢集镇高湖村、西周村、袁庄村、张嘴村，老子山镇小兴滩村，蒋坝镇头河滩村，等等，均有分布。我国各省份广布。

价值与应用：全草入药，称“鹅不食草”，有通窍散寒、祛风利湿、散瘀消肿之功效。

○大刺儿菜 *Cirsium arvense*（L.）Scop. var. *setosum*（Willd.）Ledeb.

分类学地位：菊科蓟属

关键识别特征：多年生草本。茎直立，上部多分枝，被疏毛或绵毛。单叶互生，基部叶具柄，上部叶基部抱茎，叶片羽状分裂且边缘有刺。头状花序单生或数个聚生枝端，总苞密被蛛丝状绒毛；总苞片外层顶端具长刺，筒状花为红色。瘦果长球形，压扁，淡褐黑色，稍光亮；冠毛羽状，污白色，先端略粗糙。花期6—8月，果期8—9月。

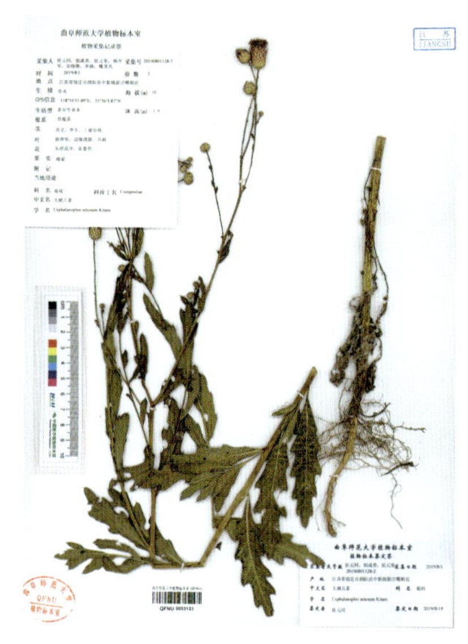

生境与分布：生于湖岸湿地。卢集镇新庄嘴村、蒋坝镇头河滩村等地有分布。除西藏、云南、广东、广西外，几乎遍布全国各地。

价值与应用：全草入药，具有凉血止血、消结散肿之功效。

○鳢肠 *Eclipta prostrata*（L.）L.

俗名：墨旱莲、旱莲草、墨菜

分类学地位：菊科鳢肠属

关键识别特征： 一年生草本。茎肉质，基部多分枝。枝条被折断后，断面处通常有蓝黑色汁液渗出。单叶对生，叶片长圆状披针形，边缘具细锯齿。头状花序总苞球状钟形，总苞片绿色，5～6枚，排成2层；外围雌花2层，舌状花；中央两性花多数，花冠管状，白色。果序莲蓬状，瘦果褐色，雌花瘦果三棱形，两性花瘦果扁四棱形，边缘具白色肋，有小瘤突。花果期6—10月。

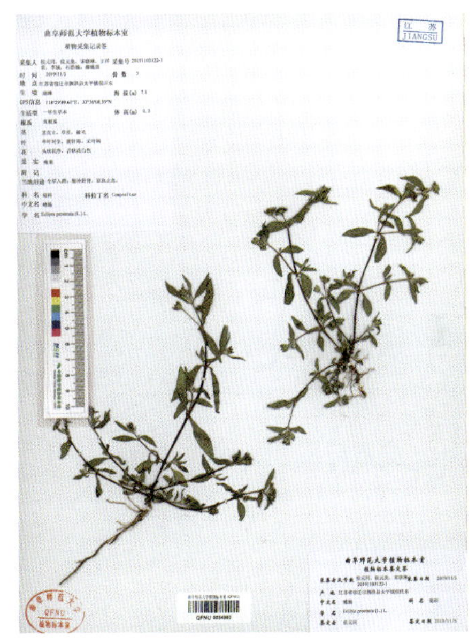

生境与分布： 生于湖滩沼泽及湿地。洪泽湖各地均有分布。国内分布于南北各省份。

价值与应用： 全草入药，称“墨旱莲”，具有凉血、止血、消肿等功效。

○泥胡菜 *Hemisteptia lyrata*（Bunge）Bunge

俗名：猪兜菜、艾草

分类学地位：菊科泥胡菜属

关键识别特征：一年生草本，疏被蛛丝毛。茎单生，上部多分枝。单叶互生，叶片倒披针形，上面绿色，无毛，下面灰白色，被绒毛，大头羽状深裂或全裂，具柄，上部叶渐小，不裂，无柄。头状花序排为伞房状，总苞半球形，总苞片多层，覆瓦状排列，最外层背面近先端有鸡冠状附片；管状花两性，紫红色。瘦果楔形，外层冠毛羽毛状，基部连合成环。花果期3—8月。

生境与分布：生于湖滩湿地。卢集镇西周村，龙集镇东嘴村、张嘴村，太平镇倪庄村，城头乡朱台子村，老子山镇小兴滩村，等等，均有分布。除新疆、西藏外，全国各省份广布。

价值与应用：全草入药，具有清热解毒、消肿散结之功效。

○旋覆花 *Inula japonica* Thunb.

俗名：金佛花、金佛草、六月菊

分类学地位：菊科旋覆花属

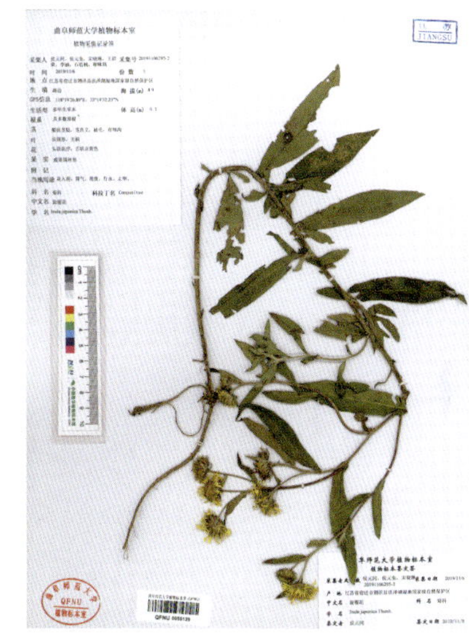

关键识别特征：多年生草本，被长伏毛。茎直立，上部多分枝。单叶互生，叶片椭圆形或长圆形，边缘不反卷，基部渐狭或急狭或有半抱茎的小耳。头状花序较小，排成疏散的伞房花序，周围舌状花黄色，舌片线形；中间管状花花冠黄色。瘦果圆柱形，有10条浅沟，冠毛1层，白色，有20余根微糙毛。花期6—10月，果期9—11月。

生境与分布：生于湖边湿地。龙集镇袁庄村、蒋坝镇头河滩村等地有分布，国内分布于华北、东北、华中、华东各地区。

价值与应用：根及叶入药，可治刀伤、疔毒，煎服可平喘镇咳；花入药，可健胃祛痰，也治胸中痞闷、胃部膨胀、嗳气、咳嗽、呕逆等病症。

○欧亚旋覆花 *Inula britannica* L.

俗名：大花旋覆花

分类学地位：菊科旋覆花属

关键识别特征： 多年生草本。根茎粗短。茎直立，上部分枝。单叶互生，叶片长圆形或椭圆状披针形，边缘不反卷，基部宽大，有耳，半抱茎。头状花序较大，1～5枚，生于茎枝端；总苞半球形，总苞片4～5层，外层线状披针形；舌状花舌片线形，黄色；管状花花冠有披针形裂片。瘦果圆柱形，有浅沟，冠毛1层，白色，有20～25根微糙毛。花期7—9月，果期8—10月。

生境与分布： 生于湖边湿地。龙集镇张嘴村等地有分布。国内分布于新疆，以及华北、东北等地区。

价值与应用： 头状花序入药，具降气、消痰、行气、止呕之功效。

○加拿大一枝黄花 *Solidago canadensis* L.

俗名：金棒草、黄莺

分类学地位：菊科一枝黄花属

关键识别特征： 多年生草本。根状茎发达，细长而横走。茎直立，有分枝，高达2.5米。单叶互生，叶片披针形或线状披针形，离基三出脉，正面粗糙。头状花序多数，很小，排列成圆锥状花序，一般着生于花序分枝的一侧，呈蝎尾状；总苞片线状披针形；边缘舌状花很短，黄色。瘦果全部具细柔毛。花果期10—11月。

生境与分布： 生于湖滩湿地。卢集镇西周村，龙集镇东嘴村、张嘴村、中国渔政第五大队，洪泽湖湿地国家级自然保护区，老子山镇剪草沟村、小兴滩村、东嘴村，蒋坝镇头河滩村，等等，均有分布。原产于北美洲，1935年作为观赏植物引入我国，后逸生，入侵性很强，2010年被列入《中国外来入侵物种名单（第二批）》。

价值与应用： 花色亮丽，常用于插花中的配花。

○丝毛飞廉 *Carduus crispus* L.

俗名：飞廉

分类学地位：菊科飞廉属

关键识别特征：二年生或多年生草本。茎直立，多分枝。单叶互生，叶片羽状深裂或半裂，侧裂片7～12对，边缘有不规则偏斜三角形刺齿；基部渐狭，沿茎下延成茎翼。头状花序生枝端；总苞钟状，无毛，总苞片多层，先端针刺状，管状花紫红色。瘦果压扁，楔状椭球形，具横皱纹；冠毛锯齿状，顶端扁平扩大，基部连合成环，整体脱落。花果期4—10月。

生境与分布：生于湖滩湿地。洪泽湖湿地国家级自然保护区等地有分布。国内分布于甘肃、陕西、河北、内蒙古等省份。

价值与应用：全草入药，具有清热解毒、消肿、止血之功效。

中华苦荬菜 *Ixeris chinensis* (Thunb.) Nakai.

俗名：苦菜、山苦菜、中华小苦荬

分类学地位：菊科苦荬菜属

关键识别特征：多年生草本，具白色乳汁。茎直立，单生或少数茎丛生，多分枝。单叶互生，基生叶着生成莲座状，叶片长椭圆形，边缘全缘或不规则羽状深裂。茎生叶渐小，基部耳状抱茎。头状花序通常在茎枝顶端排成伞房状；总苞圆柱状，总苞片3～4层；舌状花多数，黄色或白色，干时带红色。瘦果褐色，长椭球形，顶端急尖成细喙，冠毛白色。花果期1—10月。

生境与分布：生于湖岸漫滩湿地。蒋坝镇头河滩村等地有分布。我国广泛分布。

价值与应用：全草入药，具有清热解毒、凉血、止痢等功效，主治痢疾、血淋、痔瘘等症；幼嫩茎叶可作蔬菜食用。

○野莴苣 *Lactuca serriola* Torner

俗名：刺莴苣、毒莴苣

分类学地位：菊科莴苣属

关键识别特征： 一年生或二年生草本，具白色乳汁。茎直立，单生，中部以上多分枝，生白色硬刺。单叶互生，叶片倒披针形，羽状或倒羽状深裂，边缘具细齿，基部箭头状抱茎；背面沿中脉生淡黄色硬刺。头状花序排成圆锥花序；总苞长卵形，总苞片5层，披针形；舌状花多数，黄色。瘦果倒披针形，压扁，淡褐色，每面有8～10条细纵肋，顶端喙细丝状，具白色冠毛。花果期6—8月。

生境与分布： 生于湖滩湿地。老子山镇王桥圩村等地有分布。原产于地中海地区。国内分布于新疆、山东、江苏等省份。

价值与应用： 全草入药，具有清热解毒、消肿散瘀之功效，主治蛇咬伤、感冒、咳嗽等病症。

台湾翅果菊 *Lactuca formosana* Maxim.

俗名：台湾山苦荬

分类学地位：菊科莴苣属

关键识别特征：一年生草本，具白色乳汁。主根纺缍形。茎直立，中上部多分枝。单叶互生，叶片椭圆形，羽状深裂或几全裂，柄基稍扩大抱茎。头状花序多数，在茎枝顶端排成伞房状花序。总苞卵球形，总苞片4～5层。舌状花多数，黄色。瘦果椭球形，压扁，边缘有宽翅，顶端急尖成粗喙。冠毛2层，白色。花果期4—9月。

生境与分布：生于湖滩湿地。临淮镇蚕桑场三组，洪泽湖湿地国家级自然保护区，老子山镇王桥圩村、东嘴村，等等，均有分布。除青藏、新疆，以及东北部分地区外，我国各省份均有分布。

价值与应用：全草入药，具有清热解毒、凉血利湿、活血止痛等功效；幼嫩茎叶可作蔬菜食用。

翅果菊 *Lactuca indica* L.

分类学地位：菊科莴苣属

关键识别特征：一年生或二年生草本，具白色乳汁。茎直立，中上部多分枝。单叶互生，叶片线状长椭圆形，边缘全缘、不规则羽状深裂或仅基部或中部以下两侧边缘有稀疏细锯齿或尖齿。头状花序多数，在茎枝顶端排成圆锥花序。总苞卵球形，总苞片4层，边缘红紫色。舌状花多数，黄色。瘦果椭球形，压扁，边缘有宽翅，顶端急尖成粗喙。冠毛2层，白色。花果期4—11月。

生境与分布：生于湖滩湿地。洪泽湖湿地国家级自然保护区等地有分布。除新疆地区外，我国各省份均见分布。

价值与应用：全草入药，具有清热解毒、凉血利湿、活血止痛等功效；嫩茎叶可作蔬菜。

苣荬菜 *Sonchus arvensis* L.

分类学地位：菊科苦苣菜属

关键识别特征：多年生草本，具白色乳汁。根状茎匍匐。茎直立，具纵条纹。单叶互生，中下部叶倒披针形，羽状或倒羽状深裂至浅裂，上部叶披针形，基部圆耳状半抱茎。头状花序排为伞房状；总苞钟状，总苞片3～4层，披针形，外面沿中脉生1纵行具柄腺毛；舌状花多数，黄色。瘦果长椭球形，稍压扁，每面有5条细纵肋，肋间具横皱纹，褐色，冠毛白色。花果期1—9月。

生境与分布：生于湖滩湿地。卢集镇高湖村，龙集镇东嘴村、张嘴村，临淮镇二河村，洪泽湖湿地国家级自然保护区，官滩镇东嘴村，等等，均有分布。我国分布于西北、西南、华中地区，以及福建等省份。

价值与应用：全草入药，具清热解毒、消肿排脓之功效，用于治疗痢疾泄泻、咽痛、痔疮、白带、产后瘀血、腹痛、肠痈、疮痈等病症。

苦苣菜 *Sonchus oleraceus* L.

俗名：滇苦荬菜

分类学地位：菊科苦苣菜属

关键识别特征：一年生草本，具白色乳汁。茎直立，中空，具细纵棱。单叶互生，叶片倒披针形，不规则大头羽状深裂，基部尖耳状抱茎。头状花序排列成伞房状，花序梗具红色腺毛；总苞钟状，总苞片3～4层，披针形；舌状花多数，黄色。瘦果倒披针形，压扁，两面各有3条细纵肋，肋间具横皱纹，褐色，冠毛白色。花果期5—12月。

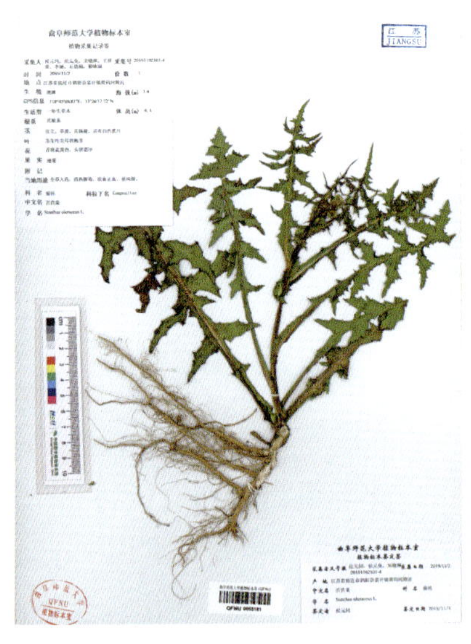

生境与分布：生于湖滩湿地。卢集镇高湖村，裴圩镇黄码河入湖口，龙集镇东嘴村、张嘴村，临淮镇蚕桑场三组，城头乡朱台子村，老子山镇小兴滩村，等等，均有分布。我国各省份广布。

价值与应用：全草入药，具有祛湿、清热解毒之功效。

长裂苦苣菜 *Sonchus brachyotus* DC.

俗名：匍茎苦菜、野苦菜

分类学地位：菊科苦苣菜属

关键识别特征：一年生草本，具白色乳汁。茎直立，具纵棱。单叶互生，叶片长椭圆形，羽状深裂至浅裂，裂片3～5对，基部圆耳状半抱茎。头状花序排列成伞房状，总苞钟状，总苞片4～5层，披针形，外面光滑无毛，舌状花多数，黄色。瘦果长椭球形，稍压扁，每面具5条细纵肋，肋间具横皱纹，具白色冠毛。花果期6—9月。

生境与分布：生于湖滩湿地。卢集镇高渡嘴村、临淮镇蚕桑场三组、蒋坝镇头河滩村等地有分布。国内分布于黑龙江、吉林、内蒙古、河北、山西、陕西和山东等省份。

价值与应用：全草入药，具清热解毒、消肿排脓之功效，用于治疗痢疾泄泻、咽痛、痔疮、白带、产后瘀血、腹痛、肠痈、疮痈等病症。

花叶滇苦菜 *Sonchus asper*（L.）Hill

俗名：续断菊、断续菊

分类学地位：菊科苦苣菜属

关键识别特征：一年生草本，具白色乳汁。茎直立，有分枝，中空，粗壮，具纵棱。单叶互生，叶片羽状深裂，边缘锯齿顶端生硬刺，手摸有刺疼感；茎叶基部圆耳状抱茎。头状花序伞房状排列，花序梗具红色腺毛；总苞宽钟状，总苞片3～4层，绿色，草质；舌状花多数，黄色。瘦果倒披针形，压扁，两面各有3条细纵肋，肋间无横皱纹，褐色，冠毛白色。花果期5—10月。

生境与分布：生于湖滩湿地。卢集镇高湖村，裴圩镇黄码河入湖口，龙集镇东嘴村、张嘴村、小丁庄村，太平镇倪庄村，临淮镇蚕桑场三组、二河村，城头乡朱台子村，洪泽湖湿地国家级自然保护区，老子山镇马浪岗村、小兴滩村、王桥圩村、东嘴村，官滩镇武小圩村，蒋坝镇头河滩村，等等，均有分布。国内分布于新疆、西藏、云南，以及华东和华中地区的部分省份。

价值与应用：全草入药，具清热解毒、止血之功效。

五加科 Araliaceae

○ 天胡荽 *Hydrocotyle sibthorpioides* Lam.

俗名：鹅不食草、石胡荽

分类学地位：五加科天胡荽属

关键识别特征：多年生草本。茎细长而匍匐，成片平铺于地上，节处生不定根。叶圆形或肾状圆形，不裂或5～7浅裂，裂片宽倒卵形，有钝齿；叶柄细长。伞形花序与叶对生，单生于节上；花无梗或梗极短；花瓣绿白色，卵形；花丝与花瓣等长或稍长。果近心形，两侧压扁，中棱隆起，幼时草黄色，熟后有紫色斑点。花果期5月。

生境与分布：生于湖岸滩涂湿地。龙集镇张嘴村等地有分布。我国产于陕西、江苏、安徽、浙江、江西、福建、湖南、湖北、广东、广西、台湾、四川、贵州、云南等地区。

价值与应用：全草入药，具有清热解毒、祛痰止咳、利尿消肿之功效，治疗黄疸、赤白痢疾、目翳、喉肿、痈疽疔疮、跌打瘀伤等病症；该种还是良好地被植物，用于水边湿地绿化。

南美天胡荽 *Hydrocotyle verticillata* Thunb.

俗名：香菇草、金钱莲、水金钱、铜钱草、盾叶天胡荽

分类学地位：五加科天胡荽属

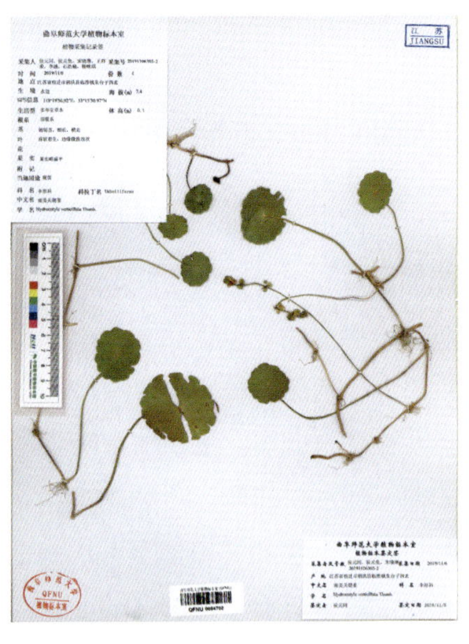

关键识别特征： 多年生草本。茎蔓性，横走，节处生不定根。叶2～3枚，簇生节上，具长柄；叶片圆形，边缘波浪状，盾状着生。花序梗细长，伞形花序间断轮生于花序轴上成穗状，每轮伞形花序具花2～5朵，花梗极短或无，小花淡黄色或白色。果实宽椭球形，两侧压扁，具突出的纵棱。花果期6—8月。

生境与分布： 生于水沟和湖边潮湿处及浅水。洪泽湖湿地国家级自然保护区有逸生。原产于北美洲（美国）、美洲南部及中部、澳洲及非洲南部地区。作为观赏植物引入我国各大城市。多逸生野外，生长茂盛，被列入《中国外来入侵物种名录》。

价值与应用： 植物体能够降低水体的BOD、COD，去除总氮、总磷；叶圆润可爱，状似一片片小荷叶，极为美观，多植于浅水处或湿地，用于景观设计。

伞形科 Apiaceae

○野胡萝卜 *Daucus carota* L.

俗名：鹤虱草

分类学地位：伞形科胡萝卜属

关键识别特征：二年生草本。茎直立，单生或基部分枝，被倒生糙硬毛。基生叶莲座状着生，具长柄，叶片长圆形，2～3回羽状全裂，末回裂片披针形至条形，具叶鞘；茎生叶互生，叶片渐小，近无柄，具叶鞘。复伞形花序生枝顶，总苞片多数，叶状，羽状深裂，裂片线形；花大多数为白色，中央1朵花为紫红色。果实长球形，纵棱上具白刺毛。花期5—7月。

生境与分布：生于湖滩湿地。卢集镇高湖村、西周村、新庄嘴村，龙集镇东嘴村、袁庄村、张嘴村、小丁庄村，太平镇倪庄村，临淮镇蚕桑场三组、二河村，洪泽湖湿地国家级自然保护区，老子山镇王桥圩村、小兴滩村，高良涧街道洪祥村，等等，均有分布。国内分布于华中、华东等地区。

价值与应用：果实入药，可驱虫，亦可提取香精油和脂肪油；幼嫩茎叶可作饲料。

窃衣 *Torilis scabra*(Thunb.)DC.

分类学地位：伞形科窃衣属

关键识别特征：一年生草本。茎直立，单生，具分枝，被倒向贴生短硬毛。单叶互生，茎下部叶具长柄，叶片卵圆形，2～3回羽状全裂，末回羽片长圆形或披针形，茎中上部叶渐小，叶柄鞘状。复伞形花序顶生或腋生，总苞片无，稀1～2枚，短线形；伞辐2～4枚。伞形花序4～7朵花。果实长卵球形，背面具斜向内弯的皮刺。花果期4—11月。

生境与分布：生于湖边湿地。卢集镇高湖村、临淮镇二河村等有分布。国内分布于西北、华东等地区。

价值与应用：果实入药，有小毒，具活血消肿、收敛、杀虫等功效，治疗久泻、蛔虫病等。亦用于治疗痈疮久溃不敛等。

○ 小窃衣 *Torilis japonica* (Houtt.) DC.

分类学地位：伞形科窃衣属

关键识别特征：一年生或多年生草本。茎直立，单生，具分枝，被刺毛。单叶互生，茎下部叶具长柄，叶片卵形，1～2回羽状分裂，小羽片披针状卵形，羽状深裂，末回羽片长圆形或披针形，上部叶渐小，叶柄鞘状。复伞形花序顶生或腋生，总苞片4～12枚，线形；伞辐4～12枚。伞形花序具4～12朵花。果实卵球形，纵棱上具直立内弯的皮刺。花果期4—10月。

生境与分布：生于湖边湿地。卢集镇高湖村、临淮镇二河村有分布。国内分布于西北、华东等地区。

价值与应用：果实入药，有小毒，具活血消肿、收敛、杀虫等功效，治疗久泻、蛔虫病等。亦用于治疗痈疮久溃不敛等。

○蛇床 *Cnidium monnieri*（L.）Cuss.

俗名：蛇床子、山胡萝卜

分类学地位：伞形科蛇床属

关键识别特征：一年生草本。茎直立，多分枝，中空，表面具条棱，粗糙。单叶互生，叶片三角状卵形，2回羽状或三出式多回羽状全裂，末回裂片条状披针形。复伞形花序顶生，总苞片8～10枚，线形；伞形花序苞片数枚，细线形；花白色。果实长卵球形，光滑，纵棱扩展成翅。花期4—7月，果期6—10月。

生境与分布：生于湖滩湿地、沼泽或浅水。卢集镇高湖村、西周村、新庄嘴村，洪泽湖湿地国家级自然保护区，城头乡朱台子村，老子山镇小兴滩村，官滩镇武小圩村，等等，均有分布。国内分布于华东、西南、西北、华北、东北等地区。

价值与应用：果实入药，药名"蛇床子"，有除燥湿、杀虫止痒、壮阳之效，治疗皮肤湿疹、阴道滴虫、肾虚阳痿等症。

水芹 *Oenanthe javanica* (Bl.) DC.

俗名：野芹菜、水芹菜

分类学地位：伞形科水芹属

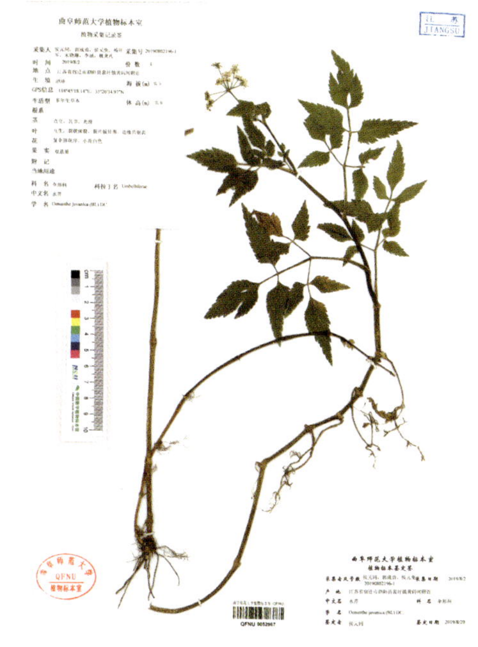

关键识别特征：多年生草本。茎基部匍匐、斜升，节上生不定根。单叶互生，基生叶具长柄，基部扩展为鞘状；叶片三角形，1～2回羽状全裂，末回羽片卵形或披针形，边缘具不规则牙齿或锯齿；茎生叶向上渐小，直至仅有叶鞘。复伞形花序顶生，伞辐6～20枚，无总苞片；伞形花序苞片2～8枚，线形；花白色。果实近椭球形。花期6—7月，果期8—9月。

生境与分布：生于湖边浅水、沼泽或湿地。裴圩镇黄码河入湖口，老子山镇剪草沟村、小兴滩村，等等，均有分布。国内分布于南北各省份。

价值与应用：幼嫩茎叶柔嫩多汁，具芹菜香味，可作蔬菜，其味鲜美；全草入药，有清热解毒、凉血降压的功效；配白茅根水煎服，降压效果明显；全草亦可提制香精油。

参　考　文　献

陈敬全，孙柳燕，2016．中国外来入侵植物彩色图鉴［M］．上海：上海科学技术出版社．

陈灵芝，2014．中国植物区系与植被地理［M］．北京：科学出版社．

陈耀东，马欣堂，冯旻，等，2012．中国水生植物［M］．郑州：河南科学技术出版社．

刁正俗，1983．中国常见水田杂草［M］．重庆：重庆出版社．

刁正俗，1990．中国水生杂草［M］．重庆：重庆出版社．

傅承新，邱英雄，2022．植物学［M］．2版．杭州：浙江大学出版社．

傅立国，1997—2012．中国高等植物［M］．北京：科学出版社．

国家林业局野生动植物保护与自然保护区管理司，中国科学院植物研究所，2013．中国珍稀濒危植物图鉴［M］．北京：中国林业出版社．

何家庆，2012．中国外来植物［M］．上海：上海科学技术出版社．

郎惠卿，林鹏，陆健健，1998．中国湿地研究和保护［M］．上海：华东师范大学出版社．

李扬汉，1998．中国杂草志［M］．北京：中国农业出版社．

刘洪，2016．洪泽湖水生经济生物图鉴［M］．北京：中国农业出版社．

刘启新，2013—2015．江苏植物志［M］．南京：江苏科学技术出版社．

刘青松，李扬帆，2003．湿地与湿地保护［M］．北京：中国环境科学出版社．

马金双，2013．中国外来入侵植物名录［M］．北京：高等教育出版社．

马金双，李振宇，2020．中国外来入侵植物志［M］．上海：上海交通大学出版社．

孙书存，程绪水，2016．洪泽湖常见水生生物图集［M］．南京：江苏凤凰科学技术出版社．

万方浩，刘全儒，谢明，等，2012．生物入侵：中国外来入侵植物图鉴［M］．北京：科学出版社．

王辰，王英伟，2011．中国湿地植物图鉴［M］．重庆：重庆大学出版社．

王国祥，马向东，常青，2014．洪泽湖湿地：江苏泗洪洪泽湖湿地国家级自然保护区科学考察报告［M］．北京：科学出版社．

王荷生，1992．中国植物区系地理［M］．北京：科学出版社．

吴玲，2009．湿地植物与景观［M］．北京：中国林业出版社．

吴征镒，1991．中国种子植物属的分布区类型［J］．云南植物研究（S4）：1-139．

吴征镒，2011．中国种子植物区系地理［M］．北京：科学出版社．

吴征镒，周浙昆，孙航，等，2006．种子植物分布区类型及其起源和分化［M］．昆明：云南科技出版社．

严承高，张明祥，2005．中国湿地植被及其保护对策［J］．湿地科学，3（3）：210-215．

应俊生，陈梦玲，2011．中国植物地理［M］．上海：上海科学技术出版社．

于胜祥，陈瑞辉，2020．中国口岸外来入侵植物图鉴［M］．郑州：河南科学技术出版社．

臧得奎，赵兰勇，1995. 山东省蕨类植物的区系分析［J］. 武汉植物学研究，13（3）：219-224.

赵家荣，刘艳玲，2009. 水生植物图鉴［M］. 武汉：华中科技大学出版社.

中国高等植物彩色图鉴编委会，2016. 中国高等植物彩色图鉴［M］. 北京：科学出版社.

中国科学院植物研究所，1959. 江苏南部种子植物手册［M］. 北京：科学出版社.

中国科学院植物研究所，1972—1983. 中国高等植物图鉴［M］. 北京：科学出版社.

中国湿地植被编辑委员会，1999. 中国湿地植被［M］. 北京：科学出版社.

中国植物志编辑委员会，1959—2004. 中国植物志［M］. 北京：科学出版社.

朱松泉，窦鸿身，1993. 洪泽湖：水资源和水生生物资源［M］. 合肥：中国科学技术大学出版社.

The Angiosperm Phylogeny Group，2016. An update of the Angiosperm Phylogeny Group classification for the order and families of flowering plants：APG Ⅳ［J］. Botanical Journal of the Linnean Society，181（1）：1-20.

Wu Z Y，Raven P，1989—2013. Flora of China（related volumes）［M］. Beijing：Science Press，Saint Loius：Missouri Botanical Gaeden Press.

中文名索引

拉丁名索引

图书在版编目（CIP）数据

洪泽湖水生植物图鉴 / 侯元同，张胜宇主编. 北京：中国农业出版社，2024. 12. -- ISBN 978-7-109-32846-4

Ⅰ. Q948.8-64

中国国家版本馆CIP数据核字第20255QQ390号

中国农业出版社出版

地址：北京市朝阳区麦子店街18号楼

邮编：100125

责任编辑：闫保荣　　　文字编辑：常　静

版式设计：小荷博睿　　责任校对：吴丽婷

印刷：北京中科印刷有限公司

版次：2024年12月第1版

印次：2024年12月北京第1次印刷

发行：新华书店北京发行所

开本：787mm × 1092mm　1/16

印张：18.75

字数：365千字

定价：198.00元